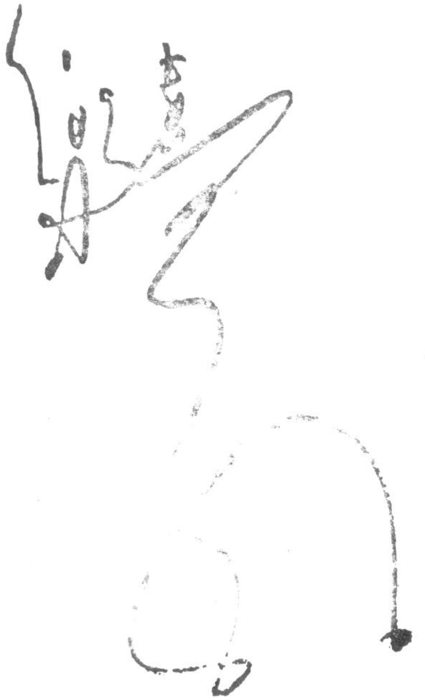

给四色宝宝喂饭

人的性格看似复杂，其实都是从这里开始的……

红色性格容易被新鲜事物吸引，玩心重

蓝色性格做事有始有终，比较专心

黄色性格掌控欲望强烈，化被动为主动

绿色性格温和被动，极有耐心

四色学生上课

不同性格的人，学习的方式是不同的

积极响应，乐于表现的往往是红色性格

蓝色性格善于思考，容易将简单的问题复杂化

黄色性格重视结果，喜欢挑战，对简单的问题不感冒

绿色性格心态平和，回不回答都无所谓

四色去食堂打饭

被恶作剧突然惊吓，四种性格饭盘摔地，各有各的反应

红色性格当下会生气，但很快就消气

蓝色性格很讨厌这样没有分寸的玩笑，漫长的时间也许都会与对方保持距离

黄色性格也许会在合适的时候还击，让你品尝下玩笑的味道

绿色性格情绪平稳不在意，几乎没有什么反应

四色去健身房

电视里播放健身卡打折的广告……

红色性格反应快，乐于分享

蓝色性格多疑，先撒网调查，逐个分析

黄色性格务实，看准目标就行动

绿色性格，听过就算，没有反应

四色的收藏

不同性格的人，收藏的东东是不同的

红色性格收藏让自己心情很爽的东东

蓝色性格收藏当意外发生时用得到的东东

黄色性格收藏能打败别人的东东

绿色性格收藏自己的闲暇时光

四色参加聚会

四种性格的人参加陌生人比较多的聚会

红色性格容易自来熟，结交很多新朋友

蓝色性格与陌生人保持距离，不愿和人快速走近

黄色性格找对自己有用、能学到东西的人去谈话

绿色性格总是做不主动参与的、安静的旁观者

四色面对倾诉

向不同性格的人倾诉你会得到不同的答复

红色性格通过共鸣来安慰朋友

蓝色性格容易把别人的问题当成自己的问题

黄色性格讲求实际，解决问题最重要

绿色性格是超级免洗垃圾桶

四色的追求者

假如不同性格的人爱上同一个异性

经过调查，知道心上人喜欢巧克力

红色性格点子多，喜欢搞点自己的小创新

蓝色性格制定了送巧克力的年度计划

黄色性格只送最贵的，他认为最好的

绿色性格不喜欢竞争，等其他人不追了，才会去陪伴

四色为何单身

不同性格的人都有可能单身

红色性格哪个都想要，经常陷入选择困难

蓝色性格活在过去的痛苦当中，长期无法自拔

黄色性格嫁给了工作

绿色性格单身最少，因为没要求

四色开会

开会时，四种性格反应各不相同

对没兴趣的事情，红色性格难以集中精神

蓝色性格不主动发言，但事无巨细都听进去了

黄色性格如果觉得没有价值，会中断会议

绿色性格听进去了没有呢？很难讲……

四色加班

突然接到通知要加班……

红色性格不喜欢自己的自由时间被干扰

蓝色性格觉得临时突发的加班是无序的表现

黄色性格只考虑加班能否带来价值

绿色性格无所谓，反正下班也没地方去

四色的人生观

其实，不同性格的人都有各自的终极理想

红色性格希望自由、快乐和成为最受欢迎的人

蓝色性格期望事事达到尽善尽美

黄色性格想成为最强的强者

绿色性格的最高理想就是无所事事

色界

说话说到点子上

乐嘉/主编

北京联合出版公司
Beijing United Publishing Co.,Ltd.

图书在版编目（CIP）数据

色界：说话说到点子上 / 乐嘉主编. — 北京：北京联合出版公司, 2015.7
ISBN 978-7-5502-4413-9

Ⅰ. ①色… Ⅱ. ①乐… Ⅲ. ①性格—通俗读物 Ⅳ. ①B848.6-49

中国版本图书馆CIP数据核字（2015）第146215号

色界：说话说到点子上
作　　者：乐　嘉
选题策划：北京磨铁图书有限公司
责任编辑：夏应鹏
装帧设计：门乃婷工作室
版式设计：刘珍珍

北京联合出版公司出版
（北京市西城区德外大街83号楼9层　100088）
北京温林源印刷有限公司印刷　新华书店经销
字数270千字　880毫米×1230毫米　1/16　17.5印张
2015年11月第1版　2015年11月第1次印刷

ISBN 978-7-5502-4413-9
定价：39.80元

序言／说话说到点子上

（各位看官，您可以先将本书翻至目录阅览，以了解本书内容之大概。）

说话是世界上最简单的事，动嘴就行。说话也是世界上最难的事，如果说不到点子上，轻则费力不讨好，事倍功半，马屁拍到马脚上；重则一出口成千古恨，恶语伤人，最后连自己咋死的都不知道。

在说话难这件事上，人们通常有两个坎要跨越：第一，不知道自己说话时的优点和毛病是什么；第二，不知道对不同的人哪怕是说同一件事也该用不同的方法，正所谓“见人说人话，见鬼说鬼话”。

第一个坎，需要你对自己的性格做全方位的扫描，你对自己的认知越深刻，越能少惹麻烦，多些力量。三国时像杨修、许攸这些高智商的谋士都是在曹操面前自恃才智，说话不慎，引来杀身之祸，皆因性格所致。而第二个坎，咱就先别想着区分人和鬼了，区分人和鬼，需要相当的道行，还是先区分人和人吧。你见到两个人，他俩谁急谁慢，谁开放谁保守，谁希望做主谁永远没主意，谁好相处谁不好相处……这些即便你是刚从学校毕业出来的菜鸟，也能有自己的感觉。行了，以上就是性格的差异。这本书就是告诉你，面对不同的人，你要用不同的方式说话，你要用不同的方法与其相处。你总用程咬金的三板斧打天下，刚好蒙对一个，还以为是自己说话本领高强，却不知其他那些蒙不对的，都是鸡同鸭讲，搞得大家老死不相往来。

过去这十五年，我干的就是一件事——研究和普及性格色彩，帮助人们看清自己，读懂他人。虽然到现在为止，依旧有些不了解的人会半信半疑，认为性格色彩只是一个和星座相似的谈资，八卦尚可，怎么可能真的帮我解决问题？我除了对这部分的朋友表示巨大的同情外，只能对正在阅读这段文字的你说，还是你有眼光啊！

下面，我需要先假设你从未看过本书的上一本《色界：活得舒坦并不难》，过去也从没接触过性格色彩，此刻你翻开本书，就是想看看这本书到底能带给你些什么。

先说个八年前课堂上发生的故事。

我有个学生Judy，是某上市公司高管，做事目标明确，直接快速，注重效率，不喜欢做事的时候有任何情绪，35岁不到已升至公司副总。但当她的下属越来越多，耐心却越来越少。下属找她谈心，她无法忍受长时间聊天，总想几句话打发，赶紧干活。

有段时间，下属找Judy谈离职的标准流程是这样的。

Judy：“为什么离职？”

下属：“不高兴做了。”

Judy：“为什么不高兴？”

下属："不公平。"

Judy："能解决吗？"（Judy这种性格的人，遇到问题，首先想怎么解决。）

下属："签字让我走就行！"

Judy："好，走吧！"

一来一去，Judy上任半年，下属换了二十多人。Judy一琢磨，这样下去不行，就想起性格色彩的教诲：经常说自己"高兴不高兴"这种性格的人，需要有机会宣泄感受和受到他人关注。她一改往日作风，对下属耐心倾听、循循诱导，不耐烦时，掐着自己胳膊逼自己坚持："你说得对，还有什么？""哦，老公和你有矛盾啦，啥矛盾呀？""隔壁办公室发的粽子和你们的牌子不一样？怎么个不一样？"虽心里痛骂这都是些屁大的事，但强颜欢笑，连哄带骗，最后问下属："工作还有难度吗？"

下属："没啥难度，干了那么久了。"

Judy："还有什么要求？"

下属："没了。"

Judy："好，去上班吧！"

下属屁颠屁颠回去干活，Judy看着手臂上被自己掐的红印……但目的算是达成，不用加薪，只听牢骚，就能让下属卖力干活。

很快，Judy碰上了一个冤家对头——一个叫小Z的姑娘，她的性格和前面那些员工一样。小Z才华横溢，颇得Judy赏识。但她平素喜欢抱怨嘀咕，Judy凭借前段时间的修为，稳了小Z半年，自己的耐心也一点点被磨平，终于爆发。

有一次，小Z一个周末连续在卡拉OK"嗨"了三个通宵，眼皮浮肿，心情哀怨，跟Judy请假休息几天。

对于这种自控力弱、轻重不分的人，Judy内心很鄙夷，但依照公司规定，小Z有三天调休假期，Judy把批评埋在心里，准予其休假。没想到小Z却得寸进尺，想连休五天，周末再加班弥补。Judy对小Z说：“不行，如果你要多休两天，就得先加班再请假，不能先休再补，这是公司的规定。”

没想到小Z开始耍脾气：“凭什么不可以？这不公平！我之前拉肚子还加班呢，太不讲人情了！公司不讲人情，你不讲人情！”（当感受没有得到关注的时候，这种性格的人容易情绪化。）

Judy火冒三丈，拉下脸冷冰冰甩了两句，让她回去老实干活。

自此，小Z开始非暴力不合作，工作状态萎靡不振，给她布置任务，找各种理由推脱。三个月后，Judy决定再和姑娘谈一次，心想若再无起色，就放手让她走。没想到刚开始谈工作，小Z就说三个月前的坎过不去，凭什么不让她调休。

Judy瞬间崩溃，简直无语，这么小的事情居然可以惦记这么久，她实在无法理解。

在我的课堂上，Judy将这样两难的问题提出：像这样的下属，能力不错，开除了太可惜；但小毛病太多，自己又不想伺候，明知放下姿态，说两句暖心窝子的话就行，能为公司留住人才，节约成本，也能为自己赢得下属敬爱，但话在嘴边，说不出口。

我对Judy说，你站在了她的对立面，你觉得她为了小事请假是不对的，已然给了判定，自然没法理解她的心情。根本原因在于，你的性格强调效率至上，忽略感受；那姑娘的性格是把感受放在第一。

Judy恍然大悟，想起之前掐着胳膊听下属诉苦，她从未把对方感受放在第一位，只是逼自己听，逼自己说好话哄下属开心。长此以往，她非但没有增加对下属的理解，反而喝了一肚子苦水，自己心中累积了很多不满的情绪，碰到一个情绪化严重的小Z，爆点一触即发。

所以，说什么话，很重要；但是内心是否愿意说，更重要！

愿意说的前提是理解对方。理解的前提是，你要明白不同性格的人为什么会这样那样，为何你要对不同的人用不同的方式交流。

● 红色性格——易情绪化，喜欢发泄心情，需要他人及时关注感受。作为下属，一旦被否定，容易破罐子破摔；作为领导，性情直率，容易Hold不住情绪。

● 蓝色性格——极其细致，喜欢追根问底，说话谨慎小心。作为下属，容易固执，需要你细讲道理；作为领导，几句话可以说完的事情，可能需要说上几十句。

● 黄色性格——只在乎目标，不在意感受。作为下属，容易直言不讳；作为领导，关注结果忽略感受，常让下属觉得自己是机器人。

● 绿色性格——太在意人际关系，会因注重和谐而放弃立场。作为下属，常隐瞒内心真实想法；作为领导，表达观点不够明确，易受影响。

上述Judy和姑娘们的矛盾，是典型的黄色性格和红色性格之间的矛盾，黄色性格的Judy重结果，轻感受；红色性格的姑娘重感受，情绪优先，再谈结果。表面上是，Judy不会说安慰人的话，骨子里却是，她并没有理解这种性格的内心需求，只是为了完成工作而“假装”理解。管理者面对的是人，人是世界上最复杂的生物，若管理者不懂性格，不理解下属要什么，不明白对不同性格的人说话的艺术，看上去一视同仁，实际上谁的需求都没有照顾到。

两千五百多年前，子路问孔子，合义理的事情要立刻做吗？孔子回答他：爹妈兄弟都在，不和他们商量怎么可以随便做呢？而冉有再问同样的问题，孔子却说：Just do it!（赶紧做！）

别人很奇怪，问孔子为何学生的同一个问题竟有不同答案，孔子说：子路好胜，提醒他退让；冉有胆小，鼓励他进取。孔子知道门下三千弟子风格迥异，要因材施教；如今我们有性格色彩，更应明白，对不同人要因人而异，说最合适的话，才能达到你预期的效果。

Judy的故事还没完，课程结束，她回到公司，暂时放下惯用的批判套路，和小Z促膝长谈，体谅了她的爱美之心，也告诉小Z自己身居高位的艰辛不易，亟须小Z这个左右手帮忙。小Z也感动得流下眼泪，主动反思了自己的问题，保证不再犯。自那次后，小Z工作状态节节上升。看见小Z的变化，连Judy的老板都很好奇，问她用了什么法术，是怎么搞定的。Judy开心地打电话告诉我这一结果，我对她说："你看，说话说到点子上了。"

Judy身居高职，与下属沟通是家常便饭，但性格色彩在说话艺术上的运用，绝不限于上下级间：情侣矛盾，常说性格不合，知性格色彩，可使恋爱默契；家人矛盾，常说无法理解，知性格色彩，可让父母子女亲密无隙；朋友矛盾，常因误会曲解，知性格色彩，可令彼此信任不二。

《色界：说话说到点子上》仍旧延续上一本《色界：活得舒坦并不难》，取百家之长，纳百家之言，让你见到这个世界上不同角落、不同背景的人们，是如何运用性格色彩这把利器影响和改善他们自己的生命的。

对我来讲，迄今已经写了十部作品。但所有这些的意义，都不如《色界》书系来得重要，我一直希望终有一日，人们可以明白，人人可用性格色彩繁衍出千变万化的神奇，《色界》书系就是这一切的见证。

愿你从《色界》书系中发现性格色彩的奇妙和广袤无边，得到你想要的和意想不到的收获。

目录

1 行业篇

2 职场篇

3 情感篇

4 亲子篇

5 文艺篇

6 色眼看世界

领取你的性格色彩——FPA® 性格色彩测试

想知道自己是什么颜色，扫描右侧二维码，关注乐嘉微信，从菜单栏即可进入免费的大众版简易测试。

该测试是性格色彩中心唯一官方正版简易测试，由性格色彩专业版测试中变化而出的30道题构成，可以让你对自己的性格有个快速的了解。

请注意，测试并非是指向“性格”的唯一标准或绝对标准。测试本身只是一个自我了解的入口，你可以关注性格色彩官方微信上的沙龙信息，参加沙龙做进一步的探讨。当然，最有效的方式是参加课程学习（咨询：400-085-8686）。

第一篇 1

行业篇

【投资】

不同性格的股民投身股海须知

文 / 程永海

资深色友、浙江麦进资产管理有限公司总经理

在股票投资上，影响投资成败的因素很多，比如刚入市的新股民和在股市里摸爬滚打十多年的老股民的表现会不一样，一个专职炒股的人和一个兼职炒股的人的表现也会不一样。而如果是同样在股市投资上有一定经验，已经掌握了基本的投资知识和投资技巧，同时还经历过牛市、熊市洗礼的两个人，那么影响他们投资成败的最关键因素应该是——性格。

在性格色彩中，红、蓝、黄、绿四种典型性格都有自己的优势和过当，不同性格的风险承受能力和投资偏好不同，有些人爱追逐各种热点，有些人却要看是不是“我的菜”，不是“我的菜”就是有最大获利机会的热门股也绝不涉足。哪种性格更容易在股票投资中取得成功？我们先来看看不同性格的投资故事。

不同性格的投资故事

红色性格的投资故事

我有一位生意上的合作伙伴，从事房地产开发生意，在2007年股票大涨的9月份，听他在中国船舶上班的亲戚讲“中国船舶”的业绩好，值得长期投资。于是，他把开发房地产赚来的上亿资金投入到这只股票上，200多元的价格买进去，刚开始是涨了一点，随后从2007年10月份开始到2008年11月份，“中国船舶”从最高300元跌至30元附近，这个过程他还不断补仓买入，最后损失惨重。

红色容易相信他人。在股市中特别容易相信小道消息，喜欢到各大论坛、QQ群、微信群看帖发帖，喜欢追逐市场热点，喜欢和同事朋友讨论分享，常常听人推荐买入股票，容易跟风。

上述这个故事就是红色因为相信亲戚导致投资失败的故事。给红色的建议是在投资中不要轻易相信小道消息，毕竟消息有真有假，如果一次错了可能就全亏了。

2014年国庆节我到桂林旅游，在桂林做生意的发小热情地招待了我，回来后我打电话给他，告诉他接下来股票市场的机会来了，建议他投资“海南航空”。当时“海南航空”的股价在2元左右，我告诉他等到2015年一季度财报出来，股价至少会翻一倍，到4元之上再择机卖出。他很认可，也迅速买入了“海南航空”，但是买入几天后的11月初涨了一点，他就卖了，而我自己当时重仓持有“海南航空”，直到2015年一季度财报出来，股价在冲高到6.33元后回落到6元左右才卖出，投资收益接近200%，而他在这个过程中不断买进卖出很多股票，同样的时间，收益还不到30%。

红色缺乏耐心，这山望着那山高。这种特点最容易在涨了一点点的时候就卖了，因为他又听到了其他消息准备买入另一只更好的股票。不断地买卖股票一方面会增加交易成本，另一方面是只抓住了小浪而没有抓住大浪。

● 蓝色性格的投资故事

在年初券商举办的大客户年会上，我问坐在旁边的一位某设计院院长去年10月开始的这波牛市行情收益如何，他说回来了一点，但还亏几百万。我很好奇，继续追问下去，原来他是一位老股民，对投资股票有深入的研究，有稳健的投资理念。在2009年的那波投资拉动的行情中，他投资了银行和地产类股票，但就在当年行情见顶后开始下跌，账面发生亏损后他没有果断卖出，反而不断把自己在设计院的收入补仓买入。在几年持续下跌的行情中，亏损不断增大，唯一可以安慰的是因为他不断加仓，持股成本也下降了一点，但是在去年银行股的大涨行情中，账户仅仅回来了一点，还亏几百万。

蓝色循规蹈矩和决策缓慢，在瞬息万变的股市中容易错失机会，在股票下跌后不愿意接受事实快速止损，而且在有资金的情况下还不断补仓买入，不愿意手中的股票白白亏损卖掉。

如果是短期下跌，这种做法会很快降低成本，等行情反转就可以开始盈利，但在长熊的行情中，成本再降也不如先出来，等到行情调头向上再重仓买入，因为这样成本更低。

● 黄色性格的投资故事

一位部队退役回来的朋友凭借自己在商场上的敢作敢为、雷厉风行，赚了不少钱，在股市投资上，他也是喜欢大手笔。在2007年的那波行情中重仓快进快出自己看好的股票，刚开始获益颇丰，但遭遇了“5·30”大跌，他重仓持有的股票连续4天跌停，发生巨亏，等第五天跌停板打开，他卖出了全部股票，但随后的几天，该股票又大幅反弹。他决定退出股市再不涉足。

黄色容易在看中一两只股票后全线杀入，形势不对会全线杀出，盈利时收益高，但遇到上述这种极端情况，损失也会很大。

● 绿色性格的投资故事

单位有个同事，夫妻俩拿着稳定的收入，多余的钱都存在银行。2007年股市火爆的时候，周边的人都在议论股市投资赚钱，他最多的一句话就是“我不喜欢赌博”。股市行情持续火爆，他在妻子的推动下终于去开了股票账户，买入了同事给他推荐的股票。但就在他买入的第二天，该股票开始下跌，同事让他赶紧卖，他想跌都跌了，就放着吧。8年多过去了，再也没有去动自己的股票账户，最近股市又火了，他又听到身边很多人赚钱的故事，想起来自己也有股票好像还放着，但发现登录密码都忘记了，当他打开股票账户，发现账户还小亏了一点。

绿色无欲和被动。这些特点造就了绿色喜欢稳定的收益，不太喜欢股票市场的起起落落，所以在股票投资上并不积极，如遇下跌亏损，绿色通常的处理方法就是放着吧。

前面我们看到的红、蓝、黄、绿四种不同性格的投资故事，更多的是性格中的短板给自己投资造成的损失。下面，来看看红、蓝、黄、绿四种性格在股市投资中的各种表现，以此更好地了解我们是属于什么性格的投资者。

不同性格如何购买股票？

- 红色投资股票种类多、领域广。比起技术分析图、各类财务数据和复杂的财务报表，他们更愿意相信牛人的推荐，而不是自己单独花时间深究。
- 蓝色喜欢独立思考和研究，对别人推荐的股票和各类小道消息持怀疑态度，更愿意通过自己的分析研究买入股票，在买入前一定要做各类分析和研究，除了对公司基本面的研究外，还要研究技术面，比如要看日K线、周K线、月K线等趋势，还要分别从MACD、KDJ等指标看是否出现买入金叉，同时还要看完各大财经网站关于准备买入公司的相关新闻以确保没有“黑天鹅事件”，蓝色出手前尽量会做到面面俱到，确保万无一失。
- 黄色喜欢用一些简单的指标决策，比如市盈率、市净率、增长率等，反正也不能保证每次都做对，不对就再出来。黄色追求大成就，所以喜欢重仓买入，黄色在投资股票前是会设定盈利目标和止损位的，觉得合适买入或卖出会当机立断。
- 绿色常常是在老公或老婆的推动下投资一些股票，喜欢选业绩好的大盘蓝筹类股票，希望起伏不要太大。一旦盈亏剧变，也能保持很好的心态。

不同性格的投资组合

● 红色获取信息的渠道多，兴趣点多，好奇心强，股票池里的股票会很多，买入股票的种类也会很多，很多红色初入市者常常持有很少资金，却买了几十只股票。

● 蓝色喜欢研究自己熟悉的行业或公司，看不懂的行业或商业模式，以及不了解的公司一般不会轻易涉足，因为“不是我的菜”，所以蓝色只关注“我的菜”，投资组合里股票不多，都是经过研究熟悉的股票。

● 黄色的投资组合比较简单，重点投资一两家看好的有潜力的大公司股票，不做太多的分散投资。

● 绿色一般没有做投资组合，别人推荐买就买点儿，不会买多也不会买入很多只股票。

股票上涨，不同性格的表现

● 红色买入后股票涨了，很愿意分享他的投资心得，到处和人讲自己买了什么股票，要请告诉他消息的人吃饭。红色最容易涨了一点点就卖了，因为他又听到了消息准备换入另一只更好的股票。

● 蓝色买入后股票涨了，会继续持有，继续他的研究，看该股的各类研报，会关注技术图的细微变化，每日定时浏览各大财经网站关于该公司的新闻，同时会制订后面的策略——是继续持有还是卖出。蓝色不喜欢到处分享和给别人推荐股票，他担心别人因他的推荐发生亏损。

● 黄色因为已经确定目标价位，所以涨是他预期之中的事情，还会更加明确不到目标位不卖。至于分享，当被询问时，黄色会直接告诉你买入什么股票，不到什么价位不卖。

- 绿色对股票的期望值没有那么高，涨了就涨了，也没期望在股票市场赚多少，有赚就好。

不同性格如何应对股票下跌?

- 红色买入后跌了，会打电话给推荐股票给他的朋友问“为什么下跌了”“还会涨上去吗”之类很天真的问题，然后到处述说他有多倒霉，买入就被套了，后悔不应该听这个朋友的，而应该买入另一只股票。

- 蓝色买入后跌了，会分析跌的原因，查看基本面和各类技术面是否发生改变，如果没有改变，蓝色是最有耐力持有股票的。如果是基本面或者技术面发生了改变，蓝色会选择部分卖出，想着跌到一定程度把这只股票再买回来，不想白白亏了。

- 黄色买入后跌了，如果没有跌到止损价位，会继续持有，如果到止损价，会坚决卖出。

- 绿色买入后跌了，跌了就跌了，涨涨跌跌是常事，就放着吧。

股市大幅下跌，不同性格的表现

- 红色在牛市中会很乐观，当市场普遍预期大盘会涨到6000点的时候，红色认为到10000点没有什么问题，所以红色通常满仓甚至加杠杆融资操作，行情好的时候是会增加收益，但一旦发生大幅下跌的时候，会让红色措手不及，同时因为红色情绪大，常常哭天抢地，四处求救。

- 蓝色的悲观会使其有风控意识，一方面蓝色不轻易相信各类消息，买入的股票都是经过研究的，通常是可以长期持有的公司股票；另一方面蓝色买入股票的同时会制定各种预案，持仓的比例控制较为合理，“大幅下跌”是在蓝色的预案中的，蓝色会根据情况做出补仓还是清仓的决定。
- 黄色遇到大幅下跌的时候，如果认定是行情的反转而不是短期的调整，会快刀斩乱麻，清空股票。但是如果发生快速跌停的情况，黄色也会因重仓投资而遭遇重大损失，而如果黄色认为只是短期调整，会坚持等到买入时设定的止损价位再卖出股票。
- 绿色的心态是无法对付，我就不对付，这是绿色应对棘手事件的处理方法。既然下跌了，反正也不是我一个人套牢，随它去吧，除非在他人的催促下会卖出股票。

从前面这些红、蓝、黄、绿四种不同性格的投资者的表现，我们多少找到一些自己的影子。每种性格在股市投资中都拥有自己的优势，值得其他性格的人学习。

不同性格的优势

- 红色乐观，喜欢交流，获取信息的渠道多，兴趣点多，好奇心强，善于抓住每轮行情的热点，对各种异动非常敏锐，行动迅速。红色在牛市中会乐观并积极投入，行情好的时候是会增加收益的。
- 蓝色习惯独立思考和研究，只做自己熟悉的行业和公司，深入了解公司的好处是持股的心态很好，不因波动追涨杀跌。蓝色有较强的风控意识，买入股票的同时会制定各种预案，持仓的比例控制较为合理。

- 黄色直觉准确，不轻易改变，会大手笔投入，有明确的盈利目标和止损位，做错时果断割肉卖出。
- 绿色也没期望在股票市场赚多少，有赚就好，心态非常好，对看好的公司长期持股。

不同性格在各种行情中的表现

单边向上的快牛行情，红色会因行动更快而获益，而黄色会因重仓投入获得较大收益，蓝色因为谨慎持有熟悉股票而非热门股票导致大幅赚钱不容易，绿色则是因为投入少而收益也不会大。

而在慢牛行情中，红色因换来换去而错过上涨或损失更多的交易成本，蓝色因为较有耐心而获得单只股票的较大涨幅收益，黄色制定的盈利目标容易重仓持有并获利，绿色可能会因懒得换股而获得单只股票的较大涨幅收益。

在震荡行情中，蓝色的优势比较明显，蓝色只做熟悉的股票，高抛低吸长期持有，红色则因为追涨杀跌更容易发生亏损，黄色则是因为没有达到目标价位又下来了，所以也较难获得好的收益，绿色则是因为持有不动，上上下下和他没有什么关系。

在单边下跌的行情中，黄色因为有严格的止损目标，发生大亏的可能性较少，红色因为行动迅速也会止损早，但也容易因抄底而套牢，亏了再斩仓逃出，蓝色则会因为不够果断卖出而套牢，但是蓝色做的是自己熟悉的股票，所以可以长期持有渡过熊市，绿色是因为投入较少同时有良好的心态而被长期套牢。

善用不同性格的优势

短赢靠运气，长赢靠本领。投资是长跑，没有本领，短期的盈利也会还给市场，而当你在股市里摸爬滚打三年以上，就已经基本掌握了股市投资的基本技巧。比如区分各种政策面的利好利空，如何从对基本面的了解到技术面的分析进行选股，等等，而只有在股市里成功地活10年以上才能说你有了真正的投资本领。掌握投资本领还要有成熟的投资心理，拥有成熟的投资心理最大的敌人就是我们自己，投资大师说“在别人恐惧时贪婪，在别人贪婪时恐惧”。说起来容易做起来难，否则也不会有大部分投资者在股市里亏钱。成熟的投资心理和个性修炼有着至关重要的关系，性格色彩有一套成熟的工具教我们如何洞见自己、修炼自己。

在修炼的途中，除了更好地发挥自己的优势，避免自己的短板外，还可以借鉴其他性格的优势。

- 红色借鉴蓝色的优势，做一些独立思考和研究，有了对公司深入的了解后，坚定持股信心，持股的耐心会增加，可以获取更大的收益。
- 蓝色在分析和研究方面的优势很明显，但在股市下跌行情中可以学习黄色的当机立断，以避免更大的投资亏损。
- 黄色则可以多一些蓝色的谨慎，在投资中注意仓位控制，做到涨跌游刃有余。
- 绿色则可以多配置一些股票资产，更积极地投资，如果不喜欢自己操作股票，基金类投资也是一个很好的选择。

【电商】

电商如何快速判断客户性格并且经营事业

文／崔万志

性格色彩演讲师、全球十大网商之一、雀之恋旗袍CEO

我从事电商近十年时间，确切地说是开网店近十年了，目前在淘宝、天猫、京东、微信等平台上有二十多家网店，主要经营中国旗袍，目前是互联网旗袍类目第一品牌。

很幸运，经过三个月的努力和乐师父的精心指导，我进入了《超级演说家》第三季的决赛，并获得了亚军。而这三个月接触最多的就是乐师父的性格色彩，我共参加了三次乐师父的培训，当然还不包括乐师父对我的私下指导和教诲。

在参加性格色彩学习的过程中，我越来越喜欢这个工具了，因为以前如果我说什么，别人并不按照我的想法来做，或者我对他特别好，而他不买账的话，我内心可能就会很痛苦。但现在就不会了，因为我明白原来人的性格有红蓝黄绿四种色彩，他们思考问题的方式和动机是不一样的，这也导致他们的行为和语言会有很大差别。

我是做电商的，在学习性格色彩的同时，我就想到我们的顾客在网购时是什么样子的呢？我回到公司做了一些数据分析和调查，想从以下三个方面和大家分享一下性格色彩与网购和电商之间的微妙关系。

不同性格的网购路径

- **红色最容易被产品的图片所打动，其次是30天的销量和评价，再次是价格。**

红色的购物路径往往是看到网站首页的广告图片，如果觉得很好就会点进去产生冲动购买。他们很多时候购物其实不是按需要购买的，只是因为喜欢，但买回来穿了一两次可能就会放一边了。他们其实非常喜欢大型的促销活动，比如京东“618活动”、天猫“双11”、店铺聚划算等，其实红色只是喜欢“双11”这样的购物节，并不一定就是冲着价格便宜来消费。总之，他们属于易冲动消费型，购物路径直接明了。那么我们商家应该怎么做呢？我有几点小建议：红色性格的人群很多，我们要把最吸引人的图片放在店铺显著位置，并且要累积一些销量和评价，还要在图片上打上类似这样的促销字眼，“千人疯抢，万人点击，仅限一天，一年只有一次”等等，这些促销字眼比什么五折、六折、包邮更能刺激他的神经。

- **蓝色的购买途径是按自己的想法去搜索最满意的产品，他们追求完美，更关注细节描述，而且他们的内心比较有主见。**

旗袍是什么面料的，会不会缩水，出了问题能不能调换，商家的信誉怎么样，服务怎么样，这些都是蓝色关注的问题。所以面对蓝色，我们一定要注意产品的特性要描述得很清晰，打消他们心里的顾虑。

● 黄色主要是通过搜索路径和聚划算页面进行购买的。

黄色搜索和一般人搜索时还不一样，比如一般人只搜“旗袍”，而他们会搜“2015夏 新品 旗袍 长款 传统 纯色”这样长的、精准的关键词（我们叫长尾词）。

如果我们的商品名称关键词设置得好，就很容易被这些顾客找到，而且我们在长尾词竞价直通车（淘宝搜索竞价排名工具）上出的费用相对比较低，转化率还高。我们可以通过后台的一些数据分析，知道我们的会员有多少是黄色，如果多的话，我们可以好好在搜索方面下些功夫，可能会事半功倍。

● 绿色的购买途径主要是找曾经买过的店铺。

这些人是忠诚度最高的，对于在本店铺购买超过三次的顾客，在上新或做活动时，给他们发短信告知是最好的营销方式。当然他们也会通过搜索来找产品，他们搜索产品时会翻很多页，一般人会翻3～5页，他们可能会翻几十页，而且他们有选择困难症。所以，我们在导购时多给他们一些选择和建议，他们会很乐意接受，你说什么好，他们就认为什么好。

面对不同性格，作为网店的商家，我们在营销方式和服务方面要采取不同的方法，这样不仅可以节约营销成本，还可以更精准地做好销售。

如何和不同性格的顾客沟通？

- 红色以体验为导向，一般会这样来咨询："亲，在吗？""Hi，你好。""亲爱的，你们家旗袍好美哟。"他们一般会发一些表情符号，比如笑脸、拥抱、玫瑰、亲嘴等。遇到这样的人，我们一般可以判定他们红色比较多。红色需要赞美和认可，客服应该多赞美买家。

比如："这件旗袍穿在你身上一定非常好看。""看到你发来的亲嘴，我今天心情突然好多了。""我觉得你很好，特意向我们的主管申请，帮你开通个VIP会员，我们可以送你一份精美的小礼品，感谢你对我们的支持。"多夸奖，多赞美，多给他们一些"特权"，基本上就可以搞定他们。如果客服的内功比较深，还可以给他推荐其他关联产品，提高我们的客单价（指一个买家所消费的总额）。

- 蓝色会重视细节，注重完美。他们一般会这样咨询我们的旺旺：

请问这件旗袍盘扣是不是手工的？

请问这个面料会不会褪色，会不会缩水？

请问拉链在背面还是在侧面？

请问开叉高了会不会走光？

请问为什么你们家照片没有拍全身？

请问为什么你们的里布不用真丝的？

请问……

对此，客服需要有很强的专业知识，能够耐心地解答他们的疑惑，不能操之过急。只有如实回答买家的问题，让他满意了，他才会购买。针对蓝色，我们对客服的要求就是：专业，耐心！

● 黄色以目的为导向，一般会一上来就发一个产品的链接，然后这样咨询我们的旺旺：“这件旗袍多少钱？有没有货？什么时候发货？能不能便宜、包邮……”**遇到这样目的性很强的黄色买家，客服就要尽量少和他们亲热，少和他们说一些废话，要直奔主题。**

这些买家如果提出一些要求，在我们力所能及的范围内要尽量满足他们，以尽快促成交易，不要绕弯子，如果他们的需求达不到满足，可能就会到别的网店去购买了。最重要的一点是，答应黄色的事，一定要做到，否则任何解释都没有用，他会把对我们的信任降到冰点。

● 绿色最容易被客服牵制，客服说什么，客服推荐什么，他可能就买什么。他们经常会不知道买什么颜色、什么款式。**客服要注意，凡是在店铺停留时间长的人，性格中的绿色就比较多，我们要主动和他们说话，主动推荐产品给他们，而且能劝他再给家人买一套最好。**他们往往是最容易被营销的，也是最忠实的买家。

面对四种不同性格的买家，我们的客服如何面对，最后达成最终的成交是性格色彩在电商领域里可以深入探讨的一门学问。

如何做好售后工作?

● 红色如果收到不满意的产品时，会情绪化，而且会逐步升级，如果我们的客服处理不好，一定会得差评，说不定还会发生语言冲突。红色的表达方式一般是这样的：

> 我今天收到了你家的旗袍，可是我穿小了，你们当时是怎么推荐的？搞得我今天一天心情不好。
>
> 我很气愤，我要给你差评！！！
>
> 我朋友说，我穿一点都不好看，我要退货！
>
> ……

一般红色在不满意时，一定是带着情绪来找客服的，这时候客服一定要冷静，而且要学会倾听。

千万不能反驳她，否则你会死得很惨。等买家发完怨气以后，最好打电话给她，不要用旺旺一直沟通下去。打电话给她时一定要说："我是××店铺的店长，今天我们的客服向我反映了您的问题，我非常重视，想亲自给您打个电话。"（你不是店长，也要这样说，这是给买家一个特权和尊重，让她感觉我们非常重视她。）在电话里，你除了道歉，更需要赞美，比如说，她的身材好，我们的旗袍还需要改进，非常感谢她能给我们提出这么好的建议，等等。这样处理后，有可能产品也不退了，而且还有个大大的好评，很可能我们还做了很好的朋友。（当然，如果产品真的有问题，除做好以上服务外，还需要及时做好售后，这是一个企业的生存之道。）

我发现网店的很多差评，都是在和买家沟通过程中没有处理好产生的矛盾，学好性格色彩，在网店经营中真的可以减少很多不必要的麻烦。

● 蓝色本来就很注重细节，追求完美，如果他们对买到的产品不满意时，可能这个产品就真的有问题了，而且一定是商家的问题。因为买之前他们几乎把所有的问题都考虑到了，可是收到以后还是有问题，这个问题应该就是产品描述和实物不符！遇到这样的情况时，客服要做好三件很重要的事：一、做好解释和道歉工作，尽管蓝色买家可能觉得你是应该的；二、检查自己产品的问题，因为他们提出的问题，真的有可能是我们的问题，我们要非常感谢他们让我们找到自己的不足；三、专人跟踪服务，用心解决他们的问题。

- 黄色收到不满意的产品时，可能不会和客服联系，直接到后台操作退款退货，如果客服拒绝，可能就是一个大大的差评或投诉。然后客服会主动联系买家，买家会直接提条件，以最终达到他的目的。遇到这样的情况时，我们只要做好应有的服务就好了，不需要和黄色买家解释太多，也不需要一个劲地道歉。对于黄色来说，道歉没有什么用，解决问题才是最重要的。

- 绿色遇到一点小问题，一般不会来找商家，自己能解决就解决了。比如拿旗袍去裁缝店修改一下等，他们一方面想着商家做生意也不容易，一方面也怕麻烦商家，还不如自己把问题解决掉。

以上三点我是从消费与营销的关系上来阐述性格色彩与网购的购买前、中、后的关系（从商家的角度说是售前、售中和售后），商家如何应用性格色彩来进行营销，以达到更好的转化，做更好的服务。接下来我想根据我这么多年管理经营电商公司的经验，再谈几点如何更好地利用性格色彩管理一家电商或互联网公司。

如何做到人尽其才?

在我的公司里，主要有以下几个重要的岗位：客服（销售和售后）、美工、设计、运营、技术、数据、市场拓展、文案与策划、打包发货、仓管、财务、人事等。

其实，我在招聘员工时，觉得什么性格的人比他学的是什么专业更重要，除非一些技术性要求很高的岗位，我才重视他的专业。而像客服、运营、市场、策划等岗位，我根本不在乎你是不是电子商务专业，有没有这方面的经验等，我更看中的是你的性格和心态。

什么性格适合做客服?

在电子商务公司，最重要的岗位是客服，他是直接和我们的买家打交道的，而且这种打交道是通过网络聊天这种方式进行的。

- 红色热情，善于沟通，而且容易和买家产生互动和感情，可以给买家留下很好的印象。比如买家发个“玫瑰表情”来，我们的客服就要回应一个“拥抱”或“亲嘴”过去。

- 蓝色太追求完美和太自我，一个追求完美和细节的人无法接受千姿百态的买家，而且效率不高。在网络上，什么样的买家都有，所以我们需要有心态好和应变能力强的客服。

- 黄色目标感很强，容易达成交易，但是他们给买家的体验不好，因为他们不擅长用表情符号，不擅长感情互动，不擅长暧昧语言。网络是个虚拟世界，人的情感需求更需要达到一种特定的满足。满足了，他还会再来，特别是女性消费群体。如服装、化妆品、食品等，如果没有很好的回头率，我们电商就根本没有利润，现在引进一个新的顾客的成本非常高（比如女装在100元以上）。

绿色抗压能力强，不易怒，可以慢慢和买家磨蹭。他们不会惹怒买家，只要把问题解决好，不让买家心里不高兴，就皆大欢喜了。

所以，我们一般选择红色做销售客服，绿色做售后客服，这样比较容易达到更好的客户体验。

什么性格适合做运营？

在电子商务公司运营是个很重要的岗位，特别是一个草根企业，在管理不完善的情况下，这个岗位如果选不好人，会栽大跟头的。

我想说一下这个岗位有哪些漏洞：一、这个岗位知道后台的一切数据，包括买家资料；二、这个岗位管理着客服、美工、技术、产品、打包、系统对接等很多重要的部门和岗位；三、这个岗位直接对接淘宝小二（淘宝工作人员）。其实在这个岗位上，员工之所以会犯错，是因为有漏洞，有诱惑力，诱惑他去犯错，所以不管什么性格，人品是第一的。其次我们再根据性格色彩设置相应的人员。

红色比较适合做运营，他们热情，容易接触新事物。马云说拥抱变化，他们是最容易拥抱变化的，但是他们太注重人，做事的目的性不强。

蓝色不适合做运营总监，但非常适合做运营专员。他们会精益求精，而且会根据后台的数据做出细致的分析，做精准营销，为公司网络运营节约推广成本。蓝色如果做了运营总监，他的最大问题是管理他的手下，因为他们比较追求细节，特别是美工做图方面，可能很难符合他的要求，而且他们比较内向，不善于鼓励人。

黄色目标明确，结果导向，适合做运营总监。但是黄色不能太过当，否则他们容易把老板干掉或者以后自己创业成为老板的对手，因为他们掌握了你的所有资源和数据。而且为了自己创业或者跳槽到别人家，这些资源和数据是他获得更多待遇的资本。

而绿色是不适合做运营的，绿色追求和谐，往往会为了人际关系的和谐稳定牺牲效率。而运营最重要的是效率，没有非常高的效率就是浪费成本。

什么性格适合做数据分析专员？

现在的电子商务非常重视数据，我们的互联网已经从IT时代走向DT时代，我们网店后台数据是我每天需要看的东西。店铺健不健康，一看数据就知道出了什么问题。比如今天为什么客单价由原来的700元降低到500元？为什么最近搜“棉麻旗袍”的人比较多？为什么顾客在我的网店停留的时间由原来的180秒变成150秒了？所以，最适合做数据分析的是蓝色。我们公司做数据分析和技术方面的人，蓝色成分比较多哟。

其他的一些岗位，和传统企业差不多，所以在这里我就不想再啰唆了。以上几点是我学了性格色彩以后，结合我在电商领域的工作的一些领悟和看法，我会继续深入学习性格色彩，让我在生活中、工作中多一些快乐，少一些麻烦。

性格色彩+电子商务，我们既要用互联网+的思维来看性格色彩，也要用性格色彩+的思维来看互联网世界。

【保险】

如何搞定不同的保险客户

文/庄佰禄

性格色彩认证演讲师、前金盛人寿销售副总裁

保险这个行业主要是跟人打交道。之前我凭着直觉一路摸爬滚打，吃了不少亏。多年后学了性格色彩，回顾一番，才发现从最初自己卖保险，到后来招人带团队这一路，如果早用上性格色彩这个识人、用人的万能工具，那么就可以少栽不少跟头。

我“需要”还是我“想要”

我和保险的渊源得从1982年开始说起。

那年，我的好友介绍了一家美资保险公司的推销员向我推销保险。推销员到了我家，对好名字，还来不及坐，就站着向我介绍产

品，并掏出费率表计算保费，解说若干年后能取得的回报。

这样的结果，不用多说，最终以“我跟老婆商量后回复”告一段落。随后，他打过几次电话，穷追猛打，都没有打动我的心。

其实我生活的风险很大。我太太是一家之“煮”，小孩刚读小学一年级。我天天上下班都是骑铁骑士，铁马7.5匹马力，猛！我知道每天的轮下鬼比患癌症归西的人要多，我有明显的保障“需要”。

可这位推销员，显然是个只想说话给你听，不想听你说话的人。他很直接，张嘴就是目的，不做铺垫，不啰唆，行就行，不行就不行。除了缺乏技巧与能力不足外，可能还与他是黄色有关。

几个月后，同事推荐了另一位加拿大寿险公司的推销员到我的警署与我见面。他问了我几个问题，了解了我的家庭与经济状况，知道我是位天天在“铁马”上出入的“危险分子”。他以一些吓人的交通事故做铺垫（其实关于交通意外的案例我比他知道得多），再计算经济后果，绘声绘色，让我感到非常害怕，马上请求签字投保，去银行取钱过马路时还战战兢兢的。不怕一万，就怕万一，我变得非常“想要”。那份保险，我一直付了25年，直到期满。

他和第一位推销员不同，是个健谈的高手，他坐下来不讲目的，先用故事来调动情绪，时而讲个笑话逗人开心，时而把人拉入最悲惨的画面。他用简单的计算方式，让我感到灾难发生后我可能承受的经济压力，这种做法迫使我立刻投保。

洞察保险客户

红色的我善变爱折腾，几年后，我打破铁饭碗，也成为了一名保险推销员，我觉得自己善于跟不同的人打交道，适合这份职业。

在那个时代，卖保险不是件容易的事。我接触过的准客户，每年约百人，能做成我客户的，有七八十人。按市场规律来看，这已是很好的业绩了。但期间我也没少栽跟头，如今回想起来，要是我早使用性格色彩来洞察我的准客户们，成交率会更高。

● 红色性格善变，要打好心理基础。

我的第一位客户是位红色的同事。他早就预定要做我的第一位客人，原因只是他想要这份“第一”的荣耀。当时我没太多考虑他是否“需要”，只知道他十分“想要”。当我要对他进行“需求分析”时，他漫不经心，只顾兴高采烈地为我庆祝新事业，同时庆祝他成为我的第一个客人。

他满怀信心地签了合约，按月交付，可没多久就停止了交付保费。他认为花了钱支持我的工作，他的任务就完成了。而对保险，他觉得没有太多“需要”。这真是有苦自知，也让我新开始的续保率马上出现了大缺口，业绩虽然有了，奖金却无望了。

红色重情义，爱帮忙，但情绪和决策也时常变，投保时，想一出是一出。如果当初我认真地给他做“需求分析”，找到他的需求突破口，并用一些技巧让他深知自己是“需要”保险的，那么他可能就不会半途而废。

● 蓝色性格挑剔，前期准备不容小觑。

一位客户给我推荐了她的好友B女士，我们约好某天上午10点见面。

我开完早会已是9点多，虽然立马出发，可是到达B女士的办公室已是10点10分了。

见面后我连忙道歉，并解释说堵车了。不料，本来就没有笑容的她冷冷地看了我一眼。我深感不妙，信心打折。果然，之后的过程中她都表现得很冷淡。而此前，推荐人说B女士的投保意愿很强烈。我努力地介绍，却接连遭遇她面无表情的反问：

你说你们公司早在一百年前就在香港开业，可有公司业绩报表供参考？

你说你们公司的服务质量最好，有什么证据吗？

那你下次来时，请拿份报告给我看看。

你的计算还不够准确，还需要把通胀率计算进去。

你能把公司各种产品的明细给我看吗？

这些问题，其实与她的“需要”根本没有关系。

她约我两天后同一时间见面，我有点不解。离开她的公司，我马上给她的推荐人打电话说明了整个过程。推荐人哈哈大笑，说她一贯如此：第一，她很守时，也要求别人准时；第二，她最讨厌以堵车为借口的迟到；第三，她要做任何决定，必定刨根问底，其实她早对你们的保险细致考察过了，有兴趣才会约见你。否则，单单因为迟到这件事她就不会和你见面，也没兴趣再约时间。

现在看来，这个死抠各种细节的客户应该是蓝色。早知性格色彩，我肯定会先打听这个客户的性格，第一次见面前就准备好详尽的资料，并且提前出门、绝不迟到，她自然会喜欢。

● 黄色性格直接，简明阐述利益。

S先生是R客户推荐的。我比他早到见面地点，刚想简短介绍一下，却被他打断了。

“别说那么多了，我只想知道和R先生一样的产品需要多少保费。”

“难道你不想知道如何计算保障吗？”

“不用了，我跟他买一样的就可以。”

我不得不马上拿出费率表，计算在他这个年龄需要的保费。

“好，就这个吧。如何付款？要体检吗？怎么办手续？”伴随着S先生一连串的提问，我拿出申请表，不太敢相信第一次见面就能顺利签单。

早知S先生是黄色，讲效率，重目标，我就不会啰唆，而是见好就收。如果请他多帮忙介绍同类客户，没准我的业绩会更辉煌！

● 绿色性格被动，需要别人推动做决策。

我的姐夫是个怕老婆的人，聚会吃饭他都默默地靠边坐，可以几个小时不发一言。你若问他一句，他便简单地答一句。现在看来他应该是绿色。

有一天，大姐要姐夫买一份保险，约了我到他们家。本来我们见面都是家庭聚会，这次见面的目的不一样，我就按照常规流程，给他们做需求分析。姐夫表现得非常配合，有问必答，基本上都是“没问题”“好的”“随便”，没有任何异议。我只好要求大姐一起接受我的“访问”。我问姐夫，大姐来答，姐夫乐在其中，多次附和说：“对对对！”姐夫没有太多要求，这次若不是大姐提出，他也不会主动要求购买保险。

我盘点了一下近千个客户中，主动要买保险的绿色客户着实不多，大多是家人要求，他们才买。所以，和绿色的家人充分沟通，影响他们是推动绿色的关键。

不是他不好，是他不适合

经历四年的保险销售后，我开始招一些人加入我的保险销售团队。

前期招人，我想到了我的前同事。他为人随和，不与人争，很好说话。同事、朋友都喜欢与他在一起。我这里发展得不错，想拉他来试一试。可是说到改变，他就怂了。他说自己那个公务员的铁饭碗捧着也挺好，干吗要换呢，麻烦！

现在想来他应该是绿色。

多次拉拢未果，我转向从他的老婆大人入手。他红+黄的老婆是家里的“董事长”，重大决定都由她说了算。于是我就跟她说明一番我入行的改变、增加的收入、无限可能的前景等。这招很奏效，绿色的他加入了我的团队，我让他做了六个销售新人的大师兄。

这位大师兄很快便得到其他成员的尊敬，可是他完全没能如我预料，助我一臂之力。本来，公司要求严格管理，要督促员工不断学习进取，形成你追我赶、争强好胜的团队文化。他却对任何事都表现得无所谓、随便，甚至得过且过。他很好说话，即使其他人违反了公司规定，他也毫无底线，不指出、不批评，听之任之，成了其他员工的“避难所”。他帮倒忙，我更忙。

若我早知性格色彩，我会知道让绿色的他作为大师兄是个非常错误的决定。他不是人不好，只是不适合带领这个团队。或许，我更需要找个黄色或蓝色的大弟子助我一臂之力。

因色施教带团队

不同性格的推销员，需要对其因色施教地辅导和激励。

- 红色的推销员，只需设定奖励方法，他们必会全力以赴。奖励方法不一定是物质上的，有时，给他们荣誉和认可更有效果。

比如，让业绩优秀的红色推销员上台分享成就，把他们的照片贴在荣誉墙的显眼处，在媒体上刊登他们的照片等，这些都比赤裸裸地给钱更有效，也符合红色需要掌声和赞美的心理。

为让更多的红色推销员获得赞誉，我特意在荣誉墙上增加了考核项目，把每周打电话约访次数最多的、速成会面最多的推销员，也都加入荣誉队伍中。这个方法很简单，几乎没有成本，效果却非常明显，他们在表扬中更加进取，更有动力。

- 蓝色的推销员，只要你教的是他们认可的，他们就都会按部就班去做，不会出格。

1998年，我到了上海，在一家刚成立的大型保险公司做营销与市场的主管。我的预算充足，需要建立一个三十多人的内勤团队，也负责建立营销体系。

经人介绍，我找到一位业绩非凡的、最早进入外资保险公司的中年人。他的学历与经验都过关，人品正直，彬彬有礼，是很不错的蓝色。但也因为他的蓝色过当，给我的管理造成了困扰。

每次开会，他都没有太多意见，让我以为他都认可了我们的政策和执行方案。每次的业绩回顾会议，他都看似认真聆听。可是18个月后，我经过深入了解，才发现他实行的还是他原来那套老理念，对我们的整体政策只起到了反效果。最后只好辞退他，从头做起。一子错，满盘皆落索。

蓝色的他先入为主，第一次学到的东西，就形成了他的基本思路。他对学过的东西根深蒂固，不愿接受后来的新思路和新想法。而且很固执，比较死板，不会变通，他认定的条条框框很难被改变。

● 黄色的推销员，只要你跟他确定好下一个目标，他二话不说只管去做。赢得第一的成就感大过给他们在荣誉墙上贴照片。任何可以帮助他们达到业绩指标的事，他们都会乐意做，甚至会打擦边球。

● 绿色的推销员不多，像我大弟子这种的，什么激励，什么奖励，对他都没有多大吸引力，他不会为此做出改变。现在看来，找一个黄色的队员来领导他、推动他，可能是最有效的方法。

总的来说，红色、黄色的推销员更适合保险销售行业。红色擅长和人打交道，黄色目标感十足，不达目的誓不罢休。当然，蓝色也有他的优势：适合做资料准备、梳理和计算工作，而绿色善于倾听、协调，适合维护客户。

领导团队最重要的一件事，就是按照每个人的性格，把他们安排到合适的岗位上。在这个过程中，性格色彩就是知人善用的简单工具。如今知道性格色彩其实也不算晚，我分享出来，愿各行业里的你们可以少栽跟头。

【宠物】

汪星人和喵星人与主人的性格搭配

文／李元

性格色彩演讲师、乐宠控股董事长兼CEO

我从四岁开始养宠物，2002年创办乐宠，正式接触宠物经营，使之成为国内目前最大的宠物用品电子商务公司。这一路接触过很多养宠、爱宠人士，通过对他们的观察，并结合自身经历，我发现可以用性格色彩探讨主人和宠物的性格，这样总结并不绝对，但其中还是有规律可循的。

你为什么养宠物？你的宠物是什么性格？你们的性格合拍吗？怎样才能和你的宠物更好相处？本文将一一解答。

不同性格的宠物主人

不同性格的主人养宠物的动机

小时候，狗是和我互动最多的朋友。家里养了条中华田园犬，每天会跟着我上学，一路跟到校门口。放学时，它会准时卧在校门口的树下等我。

每次我都特有面子地跟同学们炫耀："看，我家亨特来接我了！"是的，我特意给它起了个当时很火的电视剧里的名字：神犬亨特。

我对亨特很好，在院子里专门给它砌了狗窝，里面还铺上一层我的破衣服。只要吃饭的时候有肉，我就自己不吃让给它吃，还拿零花钱给它买一些我都舍不得吃的羊肉串。

这让亨特越来越黏我，只要我跟别人出去玩，它就屁颠屁颠地跟在我身后，寸步不离。我说什么指令，它都能听懂，我让它停它就停，让它捡个球回来它也能办到。

毋庸置疑，在养宠人士中，红色和蓝色最多，因为这两种性格都感性而多情，渴望找到情感互动、沟通的对象，宠物能够很好地满足他们需要依赖和互动的需求。

● 红色追求快乐，喜欢和宠物玩；红色需要情感寄托，会养个宠物当作陪伴。我听说某红色的著名男歌手，家里养了只猫，在他的事业低谷期，每天对着猫讲两三个小时的话。猫也不嫌烦，眯着眼安静地听。据说就是这只猫陪他走过了低谷期。

红色好奇心重，喜欢猎奇新鲜的事物，为追求潮流和刺激，也会养蛇、蜥蜴、蜘蛛等。有次，宠物店来了个小女孩吵着要养龙猫，原来是刚看了宫崎骏的动画《龙猫》。

红色好交际，会参加各种宠物俱乐部组织的聚会，以宠物为纽带认识很多朋友。你会发现，养同样宠物的人的确会有更多话题性，在很多生活习惯、爱好上也都趋同。

还有很多红色并不考虑为什么养宠物，只是看到了喜欢，一时冲动就买了。

● 蓝色也需要情感互动，但比红色更有责任意识。

我在大学时候，开始流行养京巴犬。

学校东门出去不远就是狗市，每到周末都相当热闹。我跟同学有一次从那儿路过时，看中了一条京巴幼犬。

和我一起去的同学是蓝色，我在砍价时，他在一旁沉思，过了好一会儿把我拉到边上提醒道："一、学校规定不能养狗；二、一旦被老师发现，我们要被处分，狗也没好下场；三、会不会吵到宿舍其他同学，他们有没有过敏的，会不会告发；四、京巴怎么养得好，你事先查过吗……"

我知道他的多虑并非没有道理，但当时红色的我哪想得了那么多，花了两个月的生活费买下了小狗。我把它藏在书包里偷偷带回宿舍，请同学吃了几顿饭，让他们帮我保密。

从这件事中看得出，蓝色决定养宠物前很冷静，会提前考虑很多问题：是否有足够的空间养？家里人会不会反对？有人对宠物毛发过敏吗？会吵到邻居吗？带它去哪里注射疫苗？每天要花多少时间照顾它？

蓝色考虑周到，一方面是因为他天生具有缜密的思维模式；另一方面，他强烈的责任感不容许他变卦。既然选择了养，就不能抛弃。

● 黄色经常忙于事业，少有闲暇时间养宠物，除非他们有明确的目的。比如养猫为了抓老鼠，养狗为了看家护院，或者为了参加某项宠物比赛。也不乏有些黄色的成功人士养宠物，是为凸显其权势。他们养智商高、血统好、体能优秀、表现卓越的狗，如德国牧羊犬，以彰显其身份和地位。

● 绿色不太愿意养宠物，因为嫌麻烦。家人若养，他也不反对，可有可无，但很多时候他都要被安排照料宠物。

当然，不同性格的人也都可能不养宠物，理由不尽相同。红色凡事考虑喜不喜欢，如果他不喜欢宠物，就不会养；蓝色充分考虑养宠物的各类风险，后果可控吗，执行稳妥吗，一旦他不确定和有所怀疑，养宠物的想法就会被打消；黄色考虑值不值得，有没有需求，如果不能为我所用，就不考虑养；绿色最可能因为怕麻烦而不养。

不同性格的主人喜欢什么宠物?

城市主流养猫、狗，因为猫和狗比较“通人性”，它们是最能和人产生情感互动的动物。

内向的人一定养猫？外向的人一定养狗？不一定。其实每种性格都有选择各种宠物的可能性，所以，这里只谈各种性格的主人更倾向养什么宠物。

● 红色只要喜欢，什么都养。喜欢抱起来舒服的，就选萌萌的泰迪；喜欢户外的阳光男，就选活泼爱玩的金毛；喜欢新奇，彰显自我个性的，就养昆虫。红色最容易受外界干扰，时下流行什么我养什么，别人养什么我也要养什么。我老婆也是红色，今天看到一只狗可爱，就买回家；明天看到一只鹦鹉会说话，就买回家；后天又被电视里的刺猬吸引。红色见异思迁，买宠物就像买衣服，全凭心情。所以，红色容易同时养很多宠物。

- 蓝色情感内敛，丰富细腻。蓝色，尤其是内心敏感细腻的蓝色女性更倾向于养猫，一来猫比较干净，只要准备好猫砂盆，它就能自行解决大小便，能够适应某些蓝色的洁癖；二来猫的性格相对内敛，不用太多互动和交流，也许只是静默共处，就能和它达到精神层面的共通，这是蓝色需要的默契。当然，并非所有蓝色都会选择安静的宠物，也有喜欢活泼的，以弥补自己的内敛。蓝色不像红色那样喜新厌旧，他们倾向于专注养一种宠物，对宠物像对朋友一样忠心。我听说国外有个家族四代人就养一种狗，将其视为传承。

- 黄色理性，养宠物也有目标导向。比如自己经常出差，为给家里老人找个陪伴，就买了宠物；黄色喜欢锻炼，遛狗能辅助自己达成目标，于是买了只运动能力强的狗；黄色养信鸽为参加信鸽比赛；黄色养高贵血统的大型纯种犬，为彰显自己的身份和品位。比如黄色热衷藏獒，因为在西藏只有国王和寺庙住持才有资格养，被藏民视为活佛的坐骑。

- 绿色性情稳定，不喜欢太闹的宠物，加之嫌麻烦，怕费时费力，最多就养养鱼、乌龟这类安静好养、无须太多照料的宠物。

不同性格的主人怎么养宠物?

我上班后，买了一条哈士奇、一条金毛，我热乎了好一阵，带它们去打疫苗，每天给它们做饭，下班准时回来遛狗，周末还会带它们去郊游。

红色的我对宠物很好，带出去可是替我争面子啊！先给宠物取个亲昵的名字，整天“宝宝乖”“宝贝棒”挂在嘴上。再把宠物带去美容，修剪个毛，染个颜色，头顶扎个小辫子……打扮得美美的。

可时间一长，就有点累了。养狗有许多琐碎的事要做，甚至影响下班后的自由时间。想出去聚会、喝酒，或者干点别的，都得想着家里还有两张嘴等着吃饭。有时加班累了，回来就想窝在沙发上，再去遛狗实在不情愿。

我开始耍小聪明，以加班累了，要完成工作为由，让媳妇代我去做这些事。

● 红色当初一冲动买了宠物，信誓旦旦承诺照顾，实际操作时才发现要投入那么多时间和精力，于是打了退堂鼓，很容易转送或者遗弃。红色对新鲜事物大多是三分钟热度。时间一长，热情被琐碎的事消磨，容易选择逃避或放弃，这也导致了一部分流浪猫、流浪狗的产生。

红色需要注意：当激情退去时，要明确自己对宠物的责任，伴随宠物的成长，可以不断找一些新鲜有趣的事，如教宠物学会新技能、带宠物参加户外活动等。

● 蓝色考虑周全，细致入微，能够用行动展现宠爱。事事亲自照料，别人帮他遛狗他还不放心，这不好那不好。蓝色尤其关注宠物的健康，会定期带宠物做体检。有些蓝色甚至把宠物当成小孩来宠，花在宠物身上的钱，一个月多则三千到六千元，少则五六百。

宠物店来了个蓝色阿姨挑了半天，终于抱走了一条巧克力贵宾。一周后带狗出来遛弯，把它梳理得一尘不染，还给狗的四只脚都穿上了精致的小鞋子，还是自己亲手做的，说是担心在地上踩脏了。冬天还贴心地给狗狗穿衣服、围围脖。上街遛狗都会带上足够的纸和湿纸巾，真把狗当成小孩子般悉心照料。

蓝色阿姨的贵宾犬竟然出奇地乖。有一次我们好说歹说让她分享经验，她才肯说："很简单啊，就是给小狗立规矩，定时定量喂食，不能它想什么时候吃就什么时候吃。这样它就会很听你的话了。"她还说："狗的许多问题，都是因为主人与狗之间没有建立正确的关系，原因大都在人而不在狗。"

还有蓝色姑娘来我们宠物店买了条小狗，小狗出现咳嗽、拉稀的情况后，她非常担心，找到我们的网站去搜索各种"小狗拉稀"的信息，再到我们的社区医院检查。医生开药后说没什么太大问题，她还是不放心，在我们店里又买了很多狗粮和玩具。回家之后继续在网站学习饲养知识，在论坛和网友交流。

- 黄色通常很少自己照顾宠物，要么指派家人照顾，要么寄养在专业机构。

- 绿色一般会被人要求照顾宠物，因为他不会拒绝，只能默默承担。静静地看着鱼儿游来游去似乎也算乐趣。

不同性格的主人怎么训练宠物?

- 红色善变，技巧翻新快，求多不求精，今天带狗玩球，明天带狗游泳。如果教了几次，狗学不来，红色就会没耐心，这个不行，就练那个吧，其实这是对目标的不坚持和对困难的逃避。
- 蓝色严谨，有计划性。如果他们考虑要训练宠物的技能，就会在一开始选择服从性强的宠物，如德国边境牧羊犬，号称犬类智商第一，学习能力非常强，一个普通的动作指令，重复五次左右即可学会。然后蓝色会设定详尽的训练计划，逐步训练，精益求精，直到宠物在一个技能上做到极致完美。

● 黄色首先会选择自律性极强的宠物。由于黄色属于目标导向型性格，重视结果大于过程，所以他宁愿带宠物到专业训练场所进行训练，训练结束带回来发号施令就行。

● 绿色不太想去控制宠物，更别提训练宠物了，宠物爱怎样就怎样。

不同性格的宠物如何养？

● 红色性格宠物：带它玩，哄它开心

红色宠物外向、奔放、闹腾、黏人，喜欢和人互动。

最典型的红色宠物就是金毛，活泼热情，适应能力强，运动能力强，和大狗、小狗都能玩到一起；红色的泰迪，贱贱的，萌萌的，好奇心重；红色的哈士奇经常犯二，比如走在马路上突然啃完青草就开始狂奔，在屋里到处乱窜，然后开始原地打转等。也有看着娇柔弱小的雪纳瑞、约克夏，实则脾气大得很，冲动、倔强，敢对比自己大好几倍的狗大叫。

红色宠物永远像小孩，喜欢玩耍，它能不知疲惫地和你玩上几个小时，多数情况是你累得吐舌头，它还意犹未尽。对于它们，主人就要像哄小孩子一样，给它好吃的，带它出去玩，给它足够的空间和结交朋友的自由。在它表现乖的时候要及时给予认可，抚摸它，表扬它；在它犯错的时候，也不能太凶，要以鼓励为主。

蓝色性格宠物：细心照顾，给它独立空间

蓝色宠物沉静、内敛、敏感、大脑发达。

很多猫的性格偏蓝色。以英国短毛猫为例，头大脸圆，温柔平静，不会乱发脾气，更不会乱吵乱叫。它只会尽量爬到较高的地方，低着头瞪着那双圆圆的大眼睛面带微笑地俯视着你，就像《爱丽丝梦游仙境》中提到的那只叫“路易斯”的猫一样，不发声，只是安静地吸引着你的目光。

你拿东西逗它，它可能和你互动，但它们很少主动找人玩，相对其他猫来说比较独立，不是特别黏人。

蓝色宠物比较深沉，静默地待在一边。它给你的回应不如红色宠物那么积极热切，但它们也需要得到你的情感抚慰。你对它们的爱和关心，它们也会懂得，并且很舒服，很享受。

蓝色宠物自律性较强，一般你给它定好规矩，它就会记住，比如该去哪儿上厕所。记得要给蓝色宠物一定的独立空间，它们不会因为一时半会儿见不到主人而躁动不安，而且不太习惯整天和主人黏在一起。

黄色性格宠物：小心看护，别伤及无辜

黄色宠物凶横、霸道、咄咄逼人。

最典型的例子是牛头狗。请想象一个小土坡上，有个冷艳美女戴着墨镜，支把椅子坐在那儿，一言不发。一只牛头狗站在她旁边，警

惕地看着四周，随时准备攻击人，是的，这是一种天生的战斗犬。小土坡周围没有任何一只动物、一个人敢接近他们。

牛头狗除了主人，对谁都不买账，具有极强的攻击性。如果有人不经意拍了一下主人的肩，它都会觉得对主人造成了伤害。黄色的牛头狗只有一个目的：主人只能爱我一个，任何人都不许接近、伤害我的主人。一旦咬上就不松嘴。三只牛头狗能搞垮一头牛，真是为战斗而生的斗士。

当然，代表权威的藏獒更有帝王感。

黄色宠物，天生就有很强的使命感和目标感，比如德国杜宾，生来就适合担当警卫的工作，经过训练后，可成为搜索犬、狩猎犬和牧羊犬。频繁训练黄色宠物，会让它们很有成就感。当然也要管好黄色宠物，避免伤及无辜。

● 绿色性格宠物：顺其自然，不逼它就好

绿色宠物多数安静，情绪波动不大。

比如大白熊犬，别看它身形很大，但性情温和，一副无欲无求的样子，不太和其他狗闹冲突，主人让干什么就干什么，安安静静的，还总是被一些小狗欺负。

对绿色宠物顺其自然就好，不要过多干涉，不要去逼它做它不喜欢的事。

大多数人都会认同宠物是有性格差异的，但同一品种的性情基本一样。

我也见过一个不是红色的泰迪，在一群泰迪的打闹中，它被压在地上不叫也不闹。其他泰迪在家无聊，见什么咬什么，这只泰迪在家安静、老实，从不惹事。主人觉得自己天天像遛鸟一样在遛狗。

我家还有一只不那么蓝色的猫，很二，经常在家里上蹿下跳，跑前跑后。有次爬上柜子，探头向下张望，突然自由落体，“扑通”一声直接掉进鱼缸里，也许是爱鱼心切吧。

邻居一对夫妻，妻子是盲人，他们养了一只拉布拉多导盲犬。众所周知，拉布拉多导盲犬性格稳定，攻击性不强，适应环境能力强，因此在工作中安静沉稳、忠实可靠、训练有素，按照规章制度引领主人，从不出差错。

但邻居说，这家伙也有调皮的时候。某个夏天的午后，妻子在里屋弹钢琴，照道理拉布拉多要一直坐在她身旁听候命令。但里屋没开空调，拉布拉多酷热难耐，想悄悄溜到开了空调的客厅去，却不敢明目张胆。它特意低头把挂在自己脖颈上的铃铛含在嘴里，悄无声息地挪到客厅，趴下吹着凉爽的风。

这一切被丈夫看到，于是，这事儿在邻里间传为一段佳话。有的说这狗好聪明，也有的说这狗真精怪，都会骗主人了哟。看得出，拉布拉多的本色还是红色嘛，调皮、爱玩、爱开玩笑。

这些案例或许都说明宠物的性格和人一样，也是千差万别的，待我们深入探索。有人说，宠物跟着主人久了，性格会越来越像主人。如果宠物跟着一个懂性格色彩的主人，算是最大的福分吧。

【心理】

催眠与性格——进入他人潜意识的引导语言

文／吴月波

性格色彩演讲师、香港催眠与心理医师公会院士、国际艾瑞克森学派催眠导师

“催眠”是为数不多的在心理学上非常有争议的一门技术：有人视其为“灵丹妙药”，包治百病；有人贬其为“江湖骗术”，装神弄鬼；而更多的人则处于好奇与怀疑当中。作为经常运用催眠去帮助求助者的心理医生，在这里我不想去为催眠正名或者说服大家相信催眠的存在，因为就算是同为催眠师的我们，对催眠的理解都是不一样的。

在催眠的运用上，我曾经在电视节目中做过现场催眠秀的表演，也在咨询室中用催眠帮助过求助者，还会在中高考学生的讲座中使用催眠进行集体减压。我有过很多引以为豪的成功案例，但事实上我失败的案例更多。面对很多“难缠”的催眠对象我都束手无策，我尝试过很多方法都没有办法催眠对方，一开始我以为是技术不够精湛，就痴迷于寻求各种“武功招式”，可是收效甚微。直到有一天我看到了乐嘉老师的《色眼识人》，他把人分成红黄蓝绿四种性格，这在专业的心理学领域里完全颠覆了我所学到的知识，开始我有些抗拒，甚至想要找到其中不科学的证据，没想到越陷越深。

后来我突然领悟到一点，我最需要修炼的其实是内功，为什么我没有想到不同的性格会适用于不同的催眠方法？如何读懂对方，化解他们对催眠的“阻抗”，比催眠的技术和方法更重要。

于是我开始回忆自己曾经所催眠过的个体，我发现有一种人在催眠之前会问很多的问题，他们对进入催眠状态后可能会出现的反应充满好奇：“我被催眠了会不会把心里的秘密全告诉你？”“我是不是很难被催眠？”“你说我要是被催眠了会不会打呼噜啊？”

还有一种人在催眠之前会详细地了解整个催眠的过程，对于细节性的问题非常关注：“催眠的原理是什么？”“你能否告诉我，在我进入了催眠状态之后会有哪些感受？”

另一种人会更加关注他们是否能被催眠，从而达成目标解决问题：“我的问题需要几次催眠？”“一个人进入催眠状态需要多久时间？”“你有把握催眠我吗？”

最后一种人对是否能进入催眠状态不是太关心，我们催眠师让他做什么，他们就做什么。催眠一段时间后，本以为他进入了催眠状态，最后才发现他睡着了。

其实第一种人属于红色，他们好奇心强，追求快乐，对新奇的事物往往都比较感兴趣，愿意去尝试和体验。第二种人是蓝色，他们善于思考，注重细节，对催眠持有一定的怀疑态度。第三种人是黄色，他们以目标为导向，注重结果，对进入催眠时间的长短与结果比较关注。最后一种人是绿色，他们内心平和，服从指令，对是否能进入催眠状态不太关心，甚至容易进入自己的状态最后睡着了。

性格色彩不仅让我洞察到不同的人在进行催眠时的一些反应，还使我突破了技术的难关，因为我发现所有的人都可以在性格色彩中找到自己无法进入催眠状态的答案。

● 红色因为好奇心过强，非常渴望体验催眠状态，因此会不断去检验自己“我有被催眠吗？我为什么还能听到催眠师的声音呢？”这就好像一个要睡觉的人总是去检验自己是否睡着了一样，最后的结果肯定是失眠了。其实，**红色相对于其他性格而言，更容易体验到催眠，因为他们天性容易信任自己与他人，对于催眠师指令的反应也非常敏感。所以对红色的催眠，最好的办法是让他们自己催眠自己。**

举个例子，如果催眠师暗示催眠对象：“请你想象在你的面前有一只老虎。”红色不仅能够想到老虎，还能很清晰地看到老虎的颜色、大小以及运动的过程，而其他性格的人在这一方面相对较弱些，他们更多的是看到一只模糊与静态的老虎。可是也正是因为红色想象力过于丰富，他们在催眠状态中思维呈跳跃式，能够一会儿想到大草原，一会儿又想到海边，然后立马又能回到现实中，想到催眠结束后去吃些什么，反正他们天马行空，跳跃性极强。这就会导致催眠对象无法持久地停留在催眠状态中。

催眠的过程有点儿像电影《盗梦空间》中所描述的，催眠师就像造梦师，我们可以“造”出一个场景，至于里面会出现什么人或发生什么事，不是催眠师能够主宰的。但如果能够使催眠对象长时间地停留在那个场景中，催眠状态就会发生。

有位红色的大学生来挑战我，他说我根本不可能催眠他，如果是在以前我会接受挑战，然后用各种方法催眠他。在学完性格色彩之后我了解到，红色说这话背后的动机其实是为了让我给他催眠，我就对他说："是啊，你确实是我见过很难被催眠的人，如果我要催眠你肯定会失败。不过我很好奇你到底怎样才会被催眠？""这你就不懂了，其实要催眠我很简单的，你要使用想象法。"他完全放下了防御，然后开始教我如何催眠他："你让我想象在大草原上，然后身体很放松，很舒服……"我立刻接过话来问道："你身体很放松了，双脚有什么感觉啊？"他用微弱的声音告诉我："会……有些不想动了……很累……"我看时机到了就对他说："那你可以闭上眼睛，让自己好好地休息一会儿，没有必要移动身体，也没有必要说话，只是舒舒服服地躺着……"没过多久，他就进入了深度的催眠状态。

● 对于蓝色，取得他们的信任是催眠的前提，所以，催眠师不仅要在催眠之前做好充分的准备工作，还要很细致地跟催眠对象介绍催眠的过程，不要试图使用命令或控制的指令。

在我对蓝色进行催眠之前，至少要花上半个小时来进行交流，说话也会特别注意。一件很奇怪的事情就是，我发现蓝色在进入催眠状态后，哭泣的比例要高于其他性格的人，这可能是因为他们不太喜欢表达自己的情感，而将这些负面情绪压抑在内心的结果。当然这种情况也可能发生在红色的身上，但不同的是，红色会愿意跟催眠师分享他的痛苦，而蓝色选择的是隐藏，或许只有在他们完全信任催眠师的时候才会说出来。

● 要催眠黄色，先要了解他们想通过催眠获得什么，然后可以直奔主题，一切围绕着目标来催眠。

我就遇到过一个典型的黄色，他就是想通过催眠来了解自己的"前世"。对于"前世"，我一直持保留观点，不过这是他的目标，于是我就问他，那你觉得自己的前世会是谁，他的回答让我很诧异：“猪！”我好奇地问：“为什么你会觉得自己的前世是猪呢？”他说：“这个你不用管，你只需要把我催眠了，让我看到自己的前世就行。”这说话的语气还真让我有点不舒服，好吧，我是学过性格色彩的，要修炼自己。

接下来我开始了对他的催眠，很快他就告诉我他看到了前世，我真的有些怀疑，这也太快了吧，我才刚开始催眠。我问他：“那你在哪里？”他告诉我：“在猪圈！”“那你一定是在喂猪吧？”我想去改变他所认为的前世，他却跟我说：“不是，有人在喂我。”我想这个前世不行我就换一个，然后又把他带到另一个“轮回”。我问：“你现在在哪里呢？”他说：“在森林。”我一想这下总不是猪了吧，可还没等我反应过来，他又补充道：“我是野猪！”

后来我把他带到了第十个“轮回”，这期间他就在家猪与野猪间变化着。等我将他唤醒，他居然对自己十个“轮回”的猪没有情绪反应，好像一切都很正常，后来我才了解到，从小他母亲就经常骂他笨得跟猪一样，上辈子一定是猪投胎来的。看来小时候的教育对人的影响是一生的，不过他告诉我，他从来不觉得做猪不好，就算是猪，他也是个天蓬元帅。

好吧，原来黄色的自我疗愈系统可以这么强大。我也记住了对黄色的催眠一定要反复告诉自己：目标！目标！目标！

● 绿色在我看来是比较难被催眠的，因为他们性格过于平和，难以拒绝他人，在很多时候他们都是被动地来体验催眠的，而且他们也不喜欢去表达自己的感觉。

这就使得催眠师难以了解催眠的进程，绿色的催眠对象可能在想自己的事情，根本没有在意催眠师的语言，最后直接睡着了。这也是为什么绿色很少失眠的原因，他们往往比较简单，入睡前不喜欢去思考复杂的事情，很快就能进入梦乡。我曾经对一个绿色进行的催眠，让我既有挫败感，又觉得好笑。这位绿色的朋友，我花了半个小时对他进行催眠，然后就听到鼾声四起，只见对方已经口水直流，我拿了整整一卷卫生纸才没有让口水湿了他的衣服。为此，对绿色进行催眠时，我会时不时问一下他们的感受，从而确定他有没有睡着。

性格色彩是一套能够读懂人心的工具，更是一门博大精深的学问，它可以运用在我们生活与工作的方方面面。当我面对不同颜色的性格时，我就能了解到他们背后的动机与需求，在进行催眠工作的时候就可以选择更适合他们性格的方法。而当我们了解到自己是什么颜色的性格后，就可以选择不同的自我催眠方法。红色可以通过冥想或瑜伽来进入自我催眠状态，蓝色可以通过身体的放松训练来进入催眠状态，黄色可以通过目标状态的想象来导入催眠，绿色就直接睡吧，你们不需要催眠！

【瑜伽】

瑜伽练习者的性格与练功成效

文／韩静

资深色友、达哈玛瑜伽培训中心创始人、瑜伽康复理疗培训师

作为一名教授瑜伽十多年的瑜伽老师，我和瑜伽的结缘算不上一见钟情。我九岁入选体操专业运动队，有过十多年专业运动员的生涯，退役时腰椎、手腕、肩膀、手肘和脚踝都有不同程度的伤情。后来偶然接触到了一个瑜伽老师，她说："如能坚持瑜伽，必将受益！"我并不尽信，没有坚持。兜兜转转后，逐渐静下心深入学习，各种伤痛得以疗愈。

随着瑜伽在中国的普及，看到越来越多的人练习瑜伽，我很是欣喜。每个练习者大概都有自己的故事，瑜伽带给她们的生命一些不同的东西。同时我也很惋惜，很多人不是因为客观环境，而是因为自身性格的原因没能让瑜伽带给他们最大的价值。学习了性格色彩之后，我想通过下面四种不同性格的瑜伽练习者的小故事，来分享我们应该如何让瑜伽更好地帮助我们的生活。

热情开朗，三分钟热度的红色性格

叶小姐三十岁上下，是自由职业者，生活没有太大压力，很注重生活品质，是否已婚不得而知，有一群经常一起吃饭喝茶的小姐妹。因常在瑜伽会所旁边的咖啡店里遇见而相熟，除了瑜伽，她还在进行一些其他的运动，身体和面部SPA也是不定期进行的。用她自己的话说："女人就得对自己好一点，让自己快乐！"

记得有一次来瑜伽教室上课时，她邀请了她的小姐妹们一起。一进门，她就很热情地给老师和会所的工作人员介绍她的小姐妹们。等进入教室之后，她又忙不迭地帮自己和小姐妹们抢占有利地势。坐到瑜伽垫上后，又热心地为"初来乍到"的小姐妹们介绍今天的课程和老师如何如何，虽然她也才练习瑜伽一周多。

老师的三声"OM"唱诵，暂时打断了她忘我的介绍进程。随着老师调息，由暖身体式逐渐进入到主体式习练时，对于每个学员或多或少在身体的伸展、平衡、控制的要求上都是有些挑战性的。教室里的大部分学员都忘我地投入到自己的习练中，大家尽量让呼吸顺畅，使动作稳健。只见叶小姐一边悄声地指导小姐妹们的动作要领，一边还要顾及自己对老师动作的模仿与领悟，希望获得老师的关注和认可。这样前前后后忙碌着，她却乐在其中，大半节课的时间就已经让她满身大汗。在得到老师不时地赞许之后，她更是心满意足，情绪盎然！

在热火朝天地进行了一个多月颇有规律的瑜伽练习之后，叶小姐却逐渐淡出了瑜伽教室，电话联络时不是去旅游，就是有饭局，或者有朋友从外地来上海要招待，再不就是大姨妈来了，等等。

红色性格练瑜伽的局限性

叶小姐是典型的红色。红色对新鲜事物有兴趣，上手快，自来熟，热情高，爱分享。红色最大的问题是不能坚持，就像叶小姐一开始对瑜伽颇有热情，而且也迅速地辐射到她周围的小姐妹们。但是当最初的新鲜感和小姐妹的短期关注过去后，红色就慢慢无法坚持下去了。其次，红色有点贪心：一方面乐于助人，希望小姐妹在练习中获得快乐；另一方面，希望自己的能力被小姐妹和老师认可，而往往瑜伽对身体的伤害就出现在不专注的练习时。

所以，**对于红色来说，要让瑜伽生活“细水长流”，定好一个短期内可以实现的目标，常常激励自己，当目标达到时给自己奖励！**同时也不要因为自己身体条件所限，体式做不到位而过多地在意别人的眼光，不要忘记你最初的想法，在瑜伽的过程中感受你自己的感受才是真的瑜伽！

细致认真，保守内敛的蓝色性格

Lisa留学归国，三十出头，留着时尚的短发，看上去干净、斯文。

记得第一次上大课时，她就按照会所的要求提前十分钟到达教室（课程表下方的温馨提示里有此内容，但是大多数学员不太会关注），那时教室里的会员还不太多，只见她缓步走到靠墙的位置，把带来的瑜伽垫子铺开之后安静坐下，闭上眼睛开始调整自己。

课程开始后，我可以明显感觉到，她带着探究的眼神和过于“沉稳”的气场，暗示着她对老师和内容的陌生与不确定。随着课程的不断深入，我注意到她紧绷的脸上逐渐出现了放松的表情。整个一节课，我都能感觉到她的专注和细致的观察。

之后Lisa经常来上我的课，我们也熟络起来。她一直随身带着笔记本，上面记录着工作和生活日程安排。但凡有出差，计划也调整得妥妥帖帖。后来我得知Lisa刚加入会所时，就把我们近二十位瑜伽老师的课程都上了一遍，从中选择了自己喜欢的和时间合适的老师，列入自己的瑜伽练习安排表中。她总是有固定的课程、固定的时间、固定的老师，没有特殊情况绝无变动。

几乎在每节课后，Lisa都会等其他学员走后，向我提问一些因课堂时间有限无法展开的内容和知识点。她声音柔和，语速也不紧不慢，从所提的问题来看，一定是回去深入思考过才会产生的问题。这样的学员在我的瑜伽老师生涯里是不多见的。我们交流的内容会从瑜伽动作到人体的构造、功能原理，再到心灵层面的瑜伽修习等。她提问，倾听，不大插话，但之前说过的所有信息她都记得，就好像数据存入电脑一般。

Lisa平日的工作压力颇大，因为长期的伏案工作，她的肩颈问题相当严重。一次颈椎病发时头晕得根本无法站立，手臂到手指也全都麻木了。医生建议她可适当地练习瑜伽，她了解到我们会所有专门治疗肩颈的康复课程，很详细地向我咨询了康复的步骤、训练的内容、理疗师的资质、康复训练的频率及疗程等情况。此后，我们又花了一个半月时间反复沟通康复治疗中各个细节的问题。一般一个疗程的治疗时间需四到五周，Lisa为了保证康复治疗的效果，特别把自己的日程安排腾出五周配合治疗。

前期如此周详的安排，之后的治疗自不必说。在治疗中Lisa把我每次康复治疗的训练重点、布置的家庭作业（回家练习内容）和康复理疗训练的老师提醒的需要在日常生活饮食中注意的要点一一记录下来，甚至把每节训练课的身体反应也写成日记。一个疗程结束时，她已经记录了厚厚一本《理疗训练与心得日志》了！

蓝色性格练瑜伽的局限性

蓝色追求完美、理智，在乎风险防范，他们重视过程与步骤，希望先了解全局，再细化到部分。像Lisa那样，会花大量时间和我探讨方案，再决定开始。而一旦开始，就不会轻易改变。蓝色做事计划性强，乍一接触下来觉得很烦琐，很教条，但其实他们只是需要深思熟虑，作为老师要做的就是给他们足够的理解和时间。

蓝色最大的问题是内敛与保守，虽然他们将瑜伽练得精益求精，却忽略了在这样一个环境下结识不同朋友、开阔思路与视野的机会。所以，对于蓝色来说，要充分利用瑜伽带来的资源，勇于突破自己，在可接受的安全范围内走近身边的同学，结交朋友。

目标导向，忽视健康的黄色性格

YOYO身材匀称，面容姣好，虽然孩子已经十几岁，但是看上去也就三十出头，目前正在打理着自己的公司。

在练习瑜伽一段时间后，随着身体机能的逐渐改善与提升，老师会让一些程度更高的学员们进行高级体式的尝试，比如瑜伽里的倒立体式。倒立体式不仅看上去很酷，在瑜伽里也被称为“体式之王”，是对人体的身心疗愈功效极佳的一种体式。

在刚开始练习倒立体式的课程里，很多学员都欢欣鼓舞、跃跃欲试，因为这证明自己的瑜伽水平已到达了一定的高度。每个人都想掌握这个“王”的体式，结果往往是，我这边的动作要点还没交代完，那边就有学员开始不管三七二十一埋头苦练起来，她们双手撑地，双脚蹬地，还没等双腿伸向空中，地心引力已经把身体拽回地面。再做，再倒下来。继续做，继续倒下来。最后整个人累趴在垫子上！没有弄明白动作要领就去做倒立，最后的结果必然是惨败。

眼见那拨学员练得热火朝天，屡战屡败，YOYO仍旧很认真地听我交代的每一个要领，看得出她不是不想立即进入倒立练习，恰恰相反，她希望尽快把倒立体式学会。而掌握倒立动作的所有要点以后再加以练习是最快的方法。

所以当课程进入到后半段的自由练习时，会看到这样有趣的一幕：一些学员已经不太专注于动作的实践了，而是开始交流起做倒立体式时的失败经验，互相比谁的失败更惨，交流得还挺开心，教室里成了一片欢乐的海洋！而YOYO仍在继续认真练习，有时她也会停下动作，向我提一些问题，然后继续实践。当YOYO动作出色时，旁边的学员会为她鼓掌喝彩，而YOYO自己则依然很专注在自己的练习中，不为所扰！

“师傅领进门，修行在个人”，YOYO起早贪黑，甚至午饭时间也在继续练习，“一分耕耘，一分收获”，一个多月后，我看见YOYO对倒立体式已经控制得轻松自如，这是相当有效率的！而在课程前后，她也会不时地询问我关于学员的分布、构成以及开瑜伽课的心得等信息。我发现，YOYO对经营瑜伽的兴趣比对学习瑜伽精神的兴趣要大得多。后来我了解到，YOYO一开始就很明确她学瑜伽的目的就是日后从事瑜伽传播的事业。现在YOYO已在经营着自己的瑜伽馆，还邀请我有机会合作。

黄色性格练瑜伽的局限性

YOYO的性格中有很多黄色特质。黄色的人追求成就，以目标为导向，不易受情绪干扰。比如YOYO，在大家都跃跃欲试练习倒立体式的时候，她没有被影响，当她顺利达成后被大家夸赞时，也没有看出欣喜或者激动。她一直都知道自己要什么，在课间也会从我这里收集信息。黄色在目标明确后，会希望在尽量短的时间内达成。很多人想过开个咖啡馆，开个瑜伽工作教室，但也就是想想而已。黄色不仅敢想，而且敢干。

但是YOYO这样的黄色，将一切都看作目标和任务，在身体有需要时，或者创业需要了解时，会积极地练习瑜伽，而一旦身体貌似恢复，或者创业的任务完成，他们对于纯粹的瑜伽练习的投入度就会大幅减少，并迅速把精力和注意力投注到下一个目标去了。

我为YOYO取得的成就高兴，**也希望黄色的人能从自身的角度出发坚持练习，这样会取得事半功倍的效果，不然会很浪费呢！**

宽容谦让，缺乏动力的绿色性格

宋小姐是被她同学带过来的，一进来就乖乖跟在同学身后。同学热情地和大家打招呼，还不忘介绍了一下宋小姐的背景，以及与自己的关系等。大家也知道了宋小姐没有练过瑜伽，应同学之邀，特地过来体验一下等等。可能宋小姐平时也很少参加其他体育锻炼，身体机能也不强，练的时候明显感觉到她动作做得很辛苦。半堂课下来，已经是歪歪扭扭、香汗淋漓、力不从心了，能看得出她尽量在做，但总给人一种在受虐的感觉。

到了后半堂课，一些身体素质不过硬的老学员都会抱怨起来。我还记得宋小姐是勉勉强强“坚守”了一节课，其间她既不主动说话，也很少表达自己的感受与意见。我留意到了她，课间特意去问她的反馈，但她好像也不太介意自己缺少运动这件事，只是觉得运动有点麻烦。当我问她课后身体有什么感觉时，她微微笑了一下，说还好。而就在此时，她同学很内行地解释：“你平时运动不够，我们一起跟老师来坚持练习瑜伽吧！你看老师就是因为一直练习瑜伽，人看上去比实际年龄年轻好多，身材也那么好……”宋小姐就微笑着说“嗯”。

后来宋小姐跟这个红色的朋友还来过一两次。当然，随着红色朋友的淡出，宋小姐也就了无踪迹了。

绿色性格练瑜伽的局限性

宋小姐是典型的绿色，怕麻烦，追求稳定，不喜挑战。默默无闻、与世无争的他们，其实很契合瑜伽精神。但绿色无欲无求的心态使他们很难主动走进瑜伽队伍。宋小姐基本上就是被拖过来的，虽然因身体基础差，初次练习有不少辛苦，但她完全没有抱怨，接纳心态非常好。只是一旦朋友不去推动，他们就待在原地不动了。

绿色如果身边有红色的朋友，不妨主动靠近他们，认可他们，让他们带动自己，将瑜伽变成生活的一部分，养成习惯，受益一生。而红色的朋友也会因为绿色朋友的认可和陪伴而更加有动力坚持，取得双赢的结果。

瑜伽教室的故事每天都在上演。作为一名瑜伽老师，对各种不同性格特点的学员采取不同类型的教学方式，能更好地保证瑜伽教学中的安全与有效性。而在学习瑜伽的过程中，不管你是属于红、蓝、黄、绿哪个颜色，希望看过前面的文字后，对你再接触瑜伽时有所助益！

【医疗】

医患关系解析——寻医问病须知

文／许逸

性格色彩认证培训师、移动医疗平台《易加医肿瘤版》创始人

许多病人在就医过程中，常常觉得自己不受待见，甚至和医生护士还闹得不开心。这的确可能有医院和医生的问题，可是为什么有的病人在就医过程中能够顺风顺水呢？可能是他们的运气好，但运气在某种程度上也受人的性格影响，好性格能带来自己和外界的良性互动。所以，要想成为一个运气畅旺的人，我们有必要先了解自己的性格，并在此基础上发挥优势，控制过当，用别人能接受的方式和他们互动，创造身边的和谐氛围。

现在就让我们在以下问题的探讨中，去认识各种性格的病人，找找你熟悉的影子。

啥色病人最乐观?

评分采取五分制，即满分为5分，具体分值仅供参考。

红色性格乐观指数5颗星，黄色性格乐观指数4颗星，绿色性格乐观指数3颗星，蓝色性格乐观指数2颗星。

红色性格乐观指数★★★★★

红色病人在“乐观”这一项上排名第一毫无争议。红色对任何事都倾向于乐观的解读，对于即将接受的治疗有着积极的心态，会把一切都往好处想。

红色比较随意，能跟陌生人自来熟，即便置身于陌生的医疗环境中，也容易随遇而安。

尽管红色嘴上可能挂着各种抱怨，但这和蓝色的无尽哀怨和黄色的严厉批判相比简直不值一提。一个美丽俏皮的护士或者一个同样活跃健谈的病友，足以让红色暂时忘却病痛以及种种不如意。

我的一位亲戚，曾因患了严重的肝病需要接受肝移植。手术前我去看望他，作为半个专业人士，我完全知道这个手术的风险。可他的精神状态却好得惊人，尽管面色还比较晦暗，但他一看到我，便神采飞扬地介绍起自己就医的种种故事。说到入神处，仿佛病人已不是他自己，而是别人。尽管一切仍是未知数，他却对自己的手术很有信心。或许正是得益于这种超级乐观的心态和战胜疾病的信心，他的手术非常成功。五年后我又见到他，气色竟然比常人还好。他告诉我术后恢复很不错，只是因为贪嘴，心血管方面又出了一些状况。

即使在病中，红色也总有办法让自己快乐。有的输着液还拿着手机玩游戏，有的游走在各病房打听病友的来龙去脉，有的逮住护士说几句笑话。红色创造的小欢乐仿佛能让病房里的空气都活跃起来。他们并不是完全不担心自己的疾病，只是选择性地忘记痛苦，让自己置身于快乐中，哪怕一会儿也好。

黄色性格乐观指数★★★★

黄色病人与其说是乐观，不如说是自信。黄色觉得自己掌控命运非常重要，找医生、确定治疗方案、选择药物，各个环节都要自己来做选择。对于自己的决定，他们总是充满信心。

黄色最相信一分价钱一分货，通常会在他的能力范围内选择最好的医生。无论是托熟人，找“黄牛”，还是安排人通宵排队，他都会想尽办法，务必要找到最靠谱的专家。

既然一切已经做到极致，黄色相信只要治疗有一定比例的成功率，那么自己理所应当是这些成功病例中的一个。即便最后效果不佳，黄色也会告诉自己已尽全力，并坦然接受结果，寻求下一步的办法。

绿色性格乐观指数★★★

绿色心态平和，乐天知命，为了不让家人太担心，绿色病人往往将自己的病痛尽量掩藏，淡然地表示一切都还好。他们并不是对所有的治疗方案都没意见，但他们一般不会明确反对，因为他们觉得这样会对不住医生或者家人。当医生征询绿色病人的意愿时，他们也很少有明确的主见，这时边上如果有一位红、黄、蓝的家属，绿色通常会采纳他们的意见。

绿色病人不显得悲观，是源于其天性中的平静和淡然。他们相信“是福不是祸，是祸躲不过”，不愿意去纠结和担忧。他们更愿意相信医生，在平静中期待问题自然化解。

当绿色病人康复出院的时候，会很高兴不再给身边的人添麻烦，也会庆幸自己又回到了宁静之中。

蓝色性格乐观指数★★

蓝色病人最谨慎保守，而且消极思考，乐观程度只能垫底了。蓝色必须提前对将要发生的一切有一个清晰的了解，并亲自检查每一个环节以免出现任何疏漏，才能把心放回肚子里去。更何况治病事关健康与生命，蓝色的紧张程度可想而知。仅凭医生护士的只言片语和网络上似是而非的信息，很难让蓝色对即将接受的治疗做出令自己踏实的判断。

医疗即便是最完美的方案也有一定的失败率。面对这样的不确定，蓝色更多地想到风险。效果不好怎么办？副作用会不会很大？有后遗症吗？麻醉会醒不过来吗？蓝色担心这些风险并非因为恐惧，而是本能地要为每一种风险产生的后果做防范和准备。

如果医生将治疗计划和蓝色做详细沟通，他们就不会纠结了吗？没那么简单，因为很难找到一个疗效最好、副作用最低、价格最低廉的“完美方案”。蓝色还是会纠结，他们内心总渴望了解更多的资讯，看看是否还有其他更完美的选项。

啥色病人最听话?

绿色性格听话指数5颗星，蓝色性格听话指数4颗星，红色性格听话指数3颗星，黄色性格听话指数2颗星。

绿色性格听话指数★★★★★

病人对于医生的处方、医嘱的配合程度有一个术语叫“依从性”。说到病人的依从性，排名第一的自然是百依百顺、羞于拒绝的绿色。

绿色永远都不愿意“驳了人的面子”，极容易妥协。

同事小李的呼吸道感染久治不愈，咳嗽不止，我问他怎么回事。药剂师出身的他答：“恐怕是抗生素的用法有点问题。”在我好奇的追问下，他才说：“医生开的这个药半衰期短，每天需要打两次，可我是一次打完的。”

我：“那你为何不分两次？”

小李：“医生说早晚两次来院太麻烦，一次挂掉就可以了。”

我：“你明知这样影响效果，为何不跟他说啊？”

小李：“我想想不太好，人家才是医生啊。”

绿色有极高的接纳度，但需要注意，病情是复杂的，诊疗手段也因人而异。绿色病人应该更积极地和医生沟通，不能因为害怕冲突而回避交流，进而影响疗效。绿色最容易受他人影响，如果家属中有黄色，就会对绿色产生推动。如果家属对诊疗方案有异议，绿色很容易放弃医生的建议，转而寻求其他的途径。

蓝色性格听话指数★★★★

如果绿色病人的配合度表现在无条件的接纳，蓝色病人的配合度则表现为对于所接受的诊疗方案不折不扣地执行并持之以恒。但要蓝色病人接受一个方案比绿色病人费劲多了。

医生：你这情况挺严重的，要做个引流手术，尽快来住院吧。

蓝色：手术大吗？时间要多久？

医生：不大，前后一个小时吧。

蓝色：要麻醉吗？

医生：要。

蓝色：全麻还是局麻？

医生：局麻。

蓝色：为什么不能在门诊做？你们原来门诊不是可以做小手术的吗？

医生：最近病人太多，看门诊都来不及。所以门诊手术都不做了，手术都要住院。

蓝色：这种手术要住几天医院？

医生：一般三天吧。

蓝色：医保能报吗？

医生：上海医保是可以的。

蓝色：一定要手术吗？不是说也能打针保守治疗吗？

医生：你的情况符合手术指征，我们建议是手术。如果你不愿意手术，也可以先保守治疗。

蓝色：能不能让我再考虑一下？

蓝色不喜欢贸然下决定，这虽然可以避免一些草率决定而引起的伤害，但也可能因为犹豫而错过治疗时机。**蓝色在就医中应当避免过分犹豫，尤其在病情紧急时，应当相信医生的专业判断，当机立断。**

但蓝色一旦接受了一个方案，他们的执行力是惊人的，会不折不扣地严格遵医嘱，执行治疗方案和后续疗养。

红色性格听话指数★★★

红色对于外界事物的本能反应是倾向于相信，依从性也比较强。

但相信是一回事，执行是另一回事。相比绿色的照单全收和蓝色的打破砂锅问到底，红色通常在问了一堆不太有逻辑的问题后，尽管仍然半懂不懂，还是会遵医嘱。红色选择相信医生，因为可以省下时间干别的有兴趣的事。

红色病人一旦离开医院，病情有所好转，通常就会忘记打针吃药。一些较为长期的治疗，如果没人监督，红色容易半途而废，因为他们不喜欢和自己过不去，对自己下不了狠手。另外，红色内心也时常不坚定，一旦有人对其治疗方案提出质疑，红色容易受影响。

黄色性格听话指数★★

将黄色放在最后，并不表示他们在任何情况下的配合度都不高。相反，只要能晓以利害，黄色病人还是能很快做出理性抉择的。然而黄色有强烈的掌控欲望和决策力，所以当医生的建议和他们自身的判断不符时，黄色会直接拒绝，不愿被迫接受决定。他们希望一切都遵从自己的意愿，由自己来掌控。他们决策了就愿意承担后果。

黄色对于事物习惯以其自身的价值观来做判断，所以医生仅从科学或者自身的理念出发给予医疗意见，黄色病人的接受度是相对最低的。尽管这并无对错，但是考虑到医疗领域的专业知识壁垒，黄色病人还是要多听取医生的专业意见。

啥色病人最专一?

很多病人都会有多次就医的经历，在这个过程中不同性格的病人“专一”程度也大相径庭。有的病人认定了一位医生，每次必找这位医生看，如果医生有事停诊宁愿等；有的病人则是刚在这个医院看完又奔向那个医院；有的明明已经在治疗却老泡在网上咨询。这当然和医生本人的医术和态度有关，此外和病人的性格也有一定的关系。我们接下来就来看看哪些病人比较专一，哪些比较多变，并探询其背后的原因。

蓝色性格专一指数5颗星，黄色性格专一指数4颗星，绿色性格专一指数3颗星，红色性格专一指数2颗星。

蓝色性格专一指数★★★★★

提及“专一”，不把第一给到蓝色是说不过去的。蓝色喜欢稳定，不喜欢频繁变化，在生活的方方面面都会形成自己的固有习惯，对某些店家和品牌会有较高的忠诚度，在就医方面也不例外。

◆ 首先，蓝色对于选择的对象并不是随机而草率的。对于不打无准备之仗的蓝色来说，他们喜欢提前做功课。根据症状判断可能的疾病，根据疾病寻找擅长的医院，根据资料寻找专长的医生，根据自己的日程或者工作单位的远近最终选定自己心仪的目标医生。所以，蓝色的选择本身成功的概率就比较大。

◆ 其次，蓝色建立起信任需要一个过程。他们和医生经过之前的多次就诊积累起了信任，而这种信任很难和其他医生迅速复制。找一位新的医生就诊意味着选择了一堆的不确定，包括医术、态度、沟通方式、对于病史和治疗的了解程度等。这些不确定对于蓝色来说，本能上是不愿接受的。如果不是特别紧急，蓝色不愿去冒风险选择一个尚未建立信任的医生就诊。

◆ 最后，蓝色的沟通方式比较独特。他们对于病情的讲述通常原原本本，细致无余，在表达自己意见的时候又婉转含蓄。所以跟蓝色病人沟通得较好的医生除了医术以外，还要有一定的耐性，沟通方式要为蓝色所接受。这种让蓝色感到安全的沟通方式，有时甚至比医术对蓝色更有吸引力。我们会发现有些病人一旦认定了一位医生，即便后来有机会看级别更高的专家也不愿意更换。

黄色性格专一指数★★★★

在“专一”这一点上可以排第二的是黄色。黄色的专一体现在黄色本身选医生的时候目的性就很强，通常是不惜血本地选择可能范围里面的好医生，因此黄色病人的后续就诊也自然会盯着这些医生。和蓝色回避不确定性不同，黄色相信要找就要找最好的，既然找到了最好的，为什么要让其他的医生来看呢?

有位绿色的女生因为要做一个手术，自己联系了杭州一家比较好的医院，她黄色的丈夫知道后，坚决要求她去上海华山医院治疗，因为他通过朋友了解到华山是全中国这个专科最好的医院。事实上这种手术并非最尖端的手术，杭州医生做得也不错，并且在外地术后照顾会有种种不便，复诊也没有在杭州方便，去上海总体来说成本要高很多，疗效是否有大的差异倒很难说。但对于病人的丈夫来说，华山医院是在可能范围里最好的医院，不管花多少钱，有条件必须选最好的。

黄色的病人或者家属找医生的目的性比较明确，一旦认定也会“咬定青山不放松”。但当他们发现现在的医生并不是可能范围里最好的，或者自己的预期无法达成，他们会毫不犹豫地转而寻找其他医生。对于这类型的病人或家属，需要提醒自己的是，凡事应当考虑他人的感受，尊重他人的选择。决策时选择对的，而非最贵最好的。

绿色性格专一指数★★★

排名第三的绿色不喜欢变化，并且特别关注人际关系。习惯一旦形成，就会遵循自己的习惯，轻易不会改变。就这一点来说，绿色病人对医生的专一性还是挺高的。这里把他们的专一性排名于黄色之后，主要是因为绿人随遇而安的性格特点，一旦遇到自己常找的医生不在，一般不会坚持等待，而是会顺应情况找其他的医生看。如果身边有强势的亲人朋友对于现在的主诊医生有异议的话，绿人也比较容易受到影响，毕竟和医生的人际关系远远比不上自己的亲人朋友们。

很难说绿色的这种随遇而安是对是错，只是绿色病人也需要尊重自己的判断，不要过多受到他人的影响。

红色性格专一指数★★

红色是和“专一”二字相差最远的性格，在这里的排名只能垫底了。如果说黄色的不够专一是“一山望着一山高”的话，红色的不专一主要源于“朝三暮四”的特点。红色对人对事的接纳度很高，一般也比较容易快速地接受自己的主诊医生。正是这种高接纳度，加上红色的耳根子比较软，他们比较容易轻信，比较容易被忽悠。

> 一个江西朋友，因父亲罹患癌症来电咨询就医事宜。听说老爷子原在南昌某市级医院就医，遂推荐至江西省肿瘤医院。没多久又来电说要去北京，于是推荐至中国医科院肿瘤医院。没多久听说又去了北京肿瘤医院。我以为这次终于妥了，没想到个把月后突然接到电话“听说杭州有个老中医，七帖药下去晚期病人瘤子都不见了，你能帮老爷子找找吗？”……真心替老爷子捏把汗哪！

红色的灵活本不是坏事，可以多一些选择，获得更多机会。可是红色务必注意，不能一直换下去。一方面，不断换方向会耽误病情，有些疾病的治疗就是和时间赛跑，不能耽搁；另一方面，条条道路通罗马，唯独每条路上走一截又换另一条路的人到不了罗马。更何况我曾不止一次地见到病人将原本正确的医生和对的治疗策略给换掉了。正所谓No Zuo No Die，**在这里对红色的朋友说“选你所信任的，信任你所选的”，这两句里面至少要做到一句！**

啥色病人最可能医闹？

近几年，关于医闹的报道三天两头都能见到。医闹形成的原因是多方面的，性格过当是其中的一部分。这里会分析各色性格过当可能造成的医闹表现，但并非所有该性格的人都会过当，请各位不要对号入座哦。

红色性格医闹指数5颗星，黄色性格医闹指数4颗星，蓝色性格医闹指数3颗星，绿色性格医闹指数1颗星。

红色性格医闹指数★★★★★

所有的医闹案例中，红色过当引起的起码占到一半以上，代价也是最惨痛的。这一切，源于红色过当的情绪化，让人瞬间成为可怕的魔鬼，对自己和他人造成伤害。

浙江象山的石某带女儿去医院看病，经诊断为中耳炎。接诊的苏医生开了抗生素，石某带着女儿去输液室，因为女儿耳朵疼得厉害，石某问能否用点止痛药。苏医生认为儿童不宜使用止痛药，而且输注了抗生素以后中耳炎症状会明显缓解，所以拒绝开止痛药。输液后不久，女儿依然喊疼，石某开始怀疑医生的判断并感到愤怒。这时正好看到苏医生经过，石某冲上去给了苏医生一记耳光，然后又是一连串的掌掴。这一切都被监控拍摄得清清楚楚，石某最终被警方带走，不但要赔偿苏医生的医疗费用，还要受到相应的处罚。戏剧化的是，在掌掴了医生没多久，药物起效了，孩子的耳朵不疼了。事后，石某对自己的冲动行为懊恼不已。

这事造成的后果严重，影响恶劣，同时对施暴者自己也有伤害。容易情绪化的病人或家属，需要清楚地意识到，一旦发生冲突要学会控制自己的情绪，以免酿成不可收拾的后果。

黄色性格医闹指数★★★★

黄色情绪波动较少，极为理性，不会发起没有实质意义仅为宣泄情绪的攻击。但黄色要医闹起来，绝对是不达目的誓不罢休的。

一个病人向医院投诉，表示自己注射的一支药品漏液。尽管不知道病人操作是否有误，医院还是向患者道歉，并跟药厂调换了一支新的药品。可是病人拒绝了，要求索赔二十六支。以该药物每支一千多元的零售价格计算，约要三万多元。理由是他的疗程需要每周注射一支，该药物共四十八周，因为这一支漏液会导致之前的二十五支药效前功尽弃。医院为此联系了厂家，又请国内顶级专家出具了多项证据，证明不会对之前的疗效产生任何影响，病人就是不接受。无奈之下，医院说你去法院起诉我们吧。病人说我知道打不赢的，但是我会把所有媒体都叫来旁听，一个弱势病人和省级大医院、500强制药公司打官司一定会有人报道的。最终经过种种沟通，病人部分达到了他预期目的。

整个过程，病人冷静而强硬。没有愤怒，没有谩骂，但令每一个与之打交道的人备感压力。一旦发生纠纷，希望黄色能正确评估自己的诉求。如果要求合理，那这种理性的方式自然好过情绪发泄，如果不合理就需要讲理和退让。

蓝色性格医闹指数★★★

蓝色内心有极强的规矩与原则，加上性格内敛，通常不会发生红色的情绪化医闹。但是蓝色并不容易放下，因为细致和较真儿，他们能发现更多的问题，闹的方式也有特点。

有位病人就医后，胆红素一直居高不下。医院也很重视，为他进行了悉心的治疗。病人认为是用药而引起，而医院认为整个方案并无错误。即便是用药引起，药品说明书上面也列出了该项副作用，确实有发生该种副作用的概率，并非谁的过错。可是病人一直不接受，并写信向医院、卫生局、药监局、报社一次次地反映，无论医院如何一次次地沟通，病人都以自己的逻辑推翻了医院的专业意见。当有人问病人究竟有何诉求的时候，病人表示："我不要钱，我就是要你们承认错误！"这份钻牛角尖的执拗、较真儿是蓝色独特的医闹方式。

蓝色喜欢琢磨，常怀疑一切，并且深信自己对某些事情研究得非常清楚。但毕竟病人和医生之间存在专业知识方面的信息不对等。选择相信医生，放下一些固执己见，或许能让就医过程更加舒畅。

绿色性格医闹指数★

关于绿色病人的医闹，坦白说我从没见过。

绿色既没有情绪的大起大落，没有太多物欲，对于辨清是非对错也没有太大的兴趣。这种病人哪来医闹的动机？除非被亲戚朋友拽去充数助威。但即便如此，他也只当自己是个看客，不会真正地介入。绿色是最不容易医闹的。

通过上面一些问题的探讨，希望你对自己的性格多一份洞见，也对身边的朋友多一份洞察。这有助于建立医生和病人间的和谐氛围，让彼此有效沟通，协作起来对抗共同的敌人——疾病。

#【婚庆】

不同性格的新郎新娘举办婚礼时的大忌

文 / 胡白

性格色彩演讲师、传奇婚礼主持联盟主席、中国著名婚礼主持人

婚礼是人们一生中最重要的一段回忆，不同性格的人对怎样完成婚礼有着不同的需求。红色注重创意，蓝色看重细节，黄色突出自我，绿色在意别人。具体来说：红色的新人总是问“我这样做是不是没有人做过啊”，蓝色的新人会想“这样安排会不会有问题啊”，黄色的新人坚持“我就要这样做”，绿色的新人则说“我爸妈说要这样做”。

每一种性格的人在举办婚礼的过程中，都会通过自身的优势为婚礼加分。而他们在性格上的局限性，也会让婚礼出现永远不能弥补的遗憾。接下来的四个故事是极有代表性的，希望马上要举办婚礼的朋友，一定一定不要这样做。

第一对 红色性格夫妻

一年夏天，一对红色的准夫妻找到当地一个赫赫有名的婚礼主持人，当他们走进主持人的工作室时，这位名主持正在大口吃西瓜。红先生就笑着说：“原来大名鼎鼎的主持人的吃相是这样的啊？”一旁的红太太则举着手机对着主持人的鼻子不停抓拍，还带着调侃的腔调说：“要不主持人给我们打个折呗？”当时主持人还没反应过来眼前两位是何方神圣。一顿寒暄过后，才知道他们昨天刚刚确定要结婚，通过网络找到了他。这名主持人也是个大红色，于是在接下来的沟通之中，红先生、红太太、红主持三个人迅速进入了状态，变得无话不谈，聊了整整四个小时。他们一会儿笑得抽搐，一会儿又哭得用光了一整卷卫生纸。当这对准夫妻离开的时候，这个主持人特别期待这场婚礼的到来，因为他觉得婚礼要是能够像刚才商量出来的策划方案做，那就“牛掰”了！

红先生主动要求要给老婆一个惊喜。他们能够走到一起是因为，红先生和红太太说的第一句话是：“几点了？”红太太却说：“我没表，不知道。”于是红主持给红先生的策划是：当交换结婚戒指的时候，红先生很潇洒地掏出一支笔来，在爱人的手腕上画上一块她最喜欢的卡地亚手表，时间就定格在他们第一次说话的那一刻。红先生一边画手表一边说：“我的生命，从那一刻开始有了新的意义。”紧接着，他又从口袋里掏出一块真正的卡地亚手表，为爱人戴上。这时候红主持就会补充一句话：“他送你一块你最爱的手表，是要感谢你送给他最好的时光。”光想想都觉得很浪漫！可是到了当天……

红主持一到婚礼现场就被红太太告知：“上午接亲的时候吵架

了，先前商量的创意环节都别做了。仪式尽量快点结束，看到他我就烦。”听到这些，主持人的心就凉了，难道谈了四个小时的内容说不做就不做了吗？他不甘心，就去问红先生：“手表准备了没有？”红先生回答：“太忙了，直到今天一大早才想起来，刚才已经托朋友到附近的商场买去了。”主持人感到些许欣慰，觉得至少还是可以在婚礼过程中看到情感与亮点的。

终于，婚礼进行到这个部分了。红先生给红太太画上了一块手表。当主持人还在介绍他们的故事时，红先生改了他自己的台词：“我的生命，从那一刻开始就要听你唠叨了！”虽然大家都知道新郎是在开玩笑，但是红太太的脸色更难看了。这个时候红先生又打开了手表盒子，哦，天哪！不是卡地亚，是卡——西——欧！

还没等红先生给太太戴上手表，红太太也抓住机会了。她抢过旁边的话筒，慢慢地说：“舍不得可以不要买，最讨厌那种说话一套做事一套的人了！”这句话就把红先生点燃了，他一把抓过话筒：“切，你们全家都这么势利吗？早上接亲嫌我红包包少了，又说婚车不够豪华。现在我想给你个惊喜，你不感谢也就算了，没有必要这么说吧？”红太太此时声音高了八度：“那你就可以说我的家人了？你，呜呜呜呜……”她哭了。只听“啪”的一声响，红先生把卡西欧摔得粉碎。

故事进行到这里，主持人应该怎么去应急处理呢？婚礼过后红先生和红太太还能在一起吗？这些问题我们暂且搁到一边。我们一起来看看这对红色夫妻在婚礼中表现出的一些性格特点：

◆ 情绪起伏大。说到高兴处，四个小时也聊不完，人生无限美好。一吵架，脾气说来就来，根本没有考虑婚礼很重要，有火要回去发。

◆ 随意性强，准备工作不充分。筹办婚礼会有非常多的细节要考虑。像买表、准备红包和婚礼用车这样的事项都应该事先确认好。婚礼当天千头万绪，任何突发状况都可能会打乱节奏，带来不必要的麻烦。

◆ 非常在意他人的评价。这次事件的导火索是新郎在接亲时听到新娘家人嫌弃红包少和婚车不够格，感到被否定，有了情绪，并和新娘发生口角，最后干扰了婚礼的进行。

◆ 放大感受，事件升级。从接亲时某个人的一句话，最后上升到“你家人势利”“舍不得别买”这样的话，更不用说还把卡西欧摔了。

作为主持人，如果面对的是红先生和红太太，婚礼前几天我们会经常赞美他们是绝配！红色需要受到别人的关注与肯定，但他们通常会把很多事情遗漏，所以要提前做好一些事情的确认工作。他们结婚当天，一定要按原计划进行，在条件允许的情况下还可以制造更多的惊喜，让他们觉得自己的婚礼一定是与众不同的，同时不要忘记为他们喊上一声“你是最棒的！”肯定他们的同时，也肯定了他们心中的我们。

第二对 蓝色性格夫妻

一天，快到下班的时间了，一对新人在一家婚介工作室门外张望了三分钟，直到工作人员开门去请，他们才进来。他们是蓝先生和蓝太太。一坐下来，他们就上下打量着主持人和办公室的环境布置。当谈到婚礼当中的细节，主持人发现蓝先生和蓝太太绝对都是婚礼专业毕业的，专业术语、成本核算、色彩搭配，说得头头是道，这让主持人顿时觉得他们是同行来拆台的。后来才明白，这已经是他们甄选的第七家公司。他们是做了详细的数据比较才来的。所以，他们只是想知道这位主持人能否达到他们想要的标准。

当他们确定面前这位主持人绝非菜鸟时，蓝先生开始说重点了："我想听听你对我们婚礼的创意。""那您可以聊聊您和夫人的故事吗？""你说几个方案，我们先了解一下。"对于一个满怀激情的红色主持人来说，他开始声情并茂地讲述着一个清新自然的开场："蓝先生首先坐在女方父母的身旁……"在说这段的时候，主持人看到蓝太太的眼眶湿润了，就问他们怎么样。蓝太太说："挺好的，就是，这样会不会太煽情了？还有其他的想法吗？"主持人微微一笑，接着说："我们找一个可爱的小女孩，她代表着儿时的新娘……"主持人说完后看到他们对视了一眼，嘴角露出一丝笑容，但蓝先生又说："好是好，但是这个孩子要是没有发挥好或者突然忘词了怎么办呢？你还有其他方式的开场吗？""行，那再来一个。"

"……"

"好是好，但是……还有吗？"

"……"

"好是好，但是……还有吗？"

"……"

不知道到底给他们说了多少个不同形式的创意，他们还不满意。直到主持人饿过了头，再也没有头绪，想不出任何的创意了，他们才不再发问。临别时，主持人希望他们能够回家考虑考虑再说。但是他们又问了二十分钟公司规模和税务登记证是否规范之后，才终于离开了。

第二天，他们又来了。

“主持人老师，我们今天又去比较了几家，你们家虽然有点贵，但我们觉得你的态度还是不错的。不过你昨天说的那些创意还是不要了，我们就和常规的一样直接进场就好了。”主持人这一次吸取了昨天的教训，直接拿出订单合同，一脸堆笑地摆在蓝先生的面前。蓝先生从怀里掏出一支笔，但没有签字，而是慢慢地在合同上修改了起来。等主持人处理完其他事情回头来找他们时，发现合同上面处处都留有蓝先生的字迹。此时，主持人压住他红色的火焰，让助手送走了他们，这单生意也就不了了之了。后来听说他们订了楼上的一家公司。

婚礼当天，蓝太太出场时踩到了婚纱，就回头看了一眼。蓝先生认为这是不吉利的，更是婚庆公司服务的不到位。于是，他们拒绝付款。婚礼现场发生争执之后，蓝先生和蓝太太又开始想办法要回结婚当天的所有影像资料。后来这个主持人不禁有些庆幸当初没有和他们合作。

我们来概括一下蓝色夫妻在婚礼过程中展现出的一些特点：

◆ 对细节要求严格。选主持人选了至少七家，把自己都快变成专家了。

◆ 要求苛刻。世上没有完美存在，还有吗？没有了！

◆ 敏感多疑。合同是合作双方相互信任的媒介。如果没有信任，怎么能合作？

◆ 消极悲观。回头就是不吉利了，这样一来，一辈子不安。

◆ 相处困难。出现问题，责怪婚礼公司，视频照片都没有了，回忆也就没有了。

对于蓝先生和蓝太太，细致缜密的婚礼过程符合他们的要求，而且每一个环节都要在他们认可下进行。在整个婚礼过程中，要抓住任何的细节点告知他们婚礼是一个开心、释放的过程，以缓解他们在个性上的压力和担忧。

第三对 黄色性格夫妻

谈到这一类夫妻，很多主持人会觉得脖子一凉。

他们选择什么样的主持人来主持婚礼，标准只有一个：选配得上自己的主持人。

他们很有想法，也非常配合。黄先生甚至为了能让婚礼有亮点，坚持两个月练成了非洲鼓。黄太太那种自信的程度，就是在二十米开外都能感受到她的女王范。主持人也绝对相信黄先生撂下的那句话：“就让他们知道，什么才是婚礼！”

婚礼开始的前一天晚上，主持人接到了黄太太的电话：“喂，主持人老师，你记一下，明天的婚礼上，我们购买钻戒的那家公司要派人给我们送上一颗钻石作为礼物。你可以安排他们上台的时间在我们亲吻之前。”

“可是，现在你们的仪式已经很饱满了呀。这样加入一些环节，难道不会有些突兀吗？”

“没有事的，他们答应了我的，只是上来送个祝福！”

“那万一他们在台上做广告，怎么办呢？”

“哪里有那么多的万一呢？不说了啊，就这么定了！”

挂完电话，主持人对这个突然的环节充满了疑虑。他也明白，黄太太就是想要这颗免费的钻石。

婚礼当天前半部分做得非常好，来宾掌声不断。大家都觉得新人的表现很棒！可是，不出所料，噩梦在这个环节出现了。

当黄先生与黄太太交换结婚戒指的时候，舞台一侧冲上来两位穿黑色制服带白色手套的钻石公司的员工。两位黑衣人直接抢走了主持人的话筒，然后就开始了。

“钻石恒久远，一颗永流传！我们是××钻石定制机构的××和××。今天我们送来了一颗20分的钻石，它是……”其中一位在说话的时候，另一位则像个机器人一样，随着他所讲的内容，向大家展示着这颗小小的钻石。他们两人一个唾沫横飞，一个手舞足蹈。黄先生和黄太太则站在一旁，面无表情地看着。十分钟过去了，黄先生咳嗽了一声，黑衣人回头看了他一眼，微笑着继续说什么是八星八箭，怎么可以看出钻石的价格等等。等来宾们都开始嗑瓜子聊天了，黑衣人还在说。突然间，黄先生把两个黑衣人推下了舞台：“你们还没个完了？”这一声大吼，让本来嘈杂的大厅顿时安静了下来。为了避免尴尬，主持人赶紧让黄先生和黄太太接吻，仪式草草收尾。

可是戏剧性的还在后面。黄先生在下了舞台后直接质问主持人为什么不制止黑衣人。黄太太也说：“是啊，你为什么不提醒我们后果？”黄先生又问：“为什么后面的仪式做得不像前面一样精彩了？来宾的情绪不好一定是你主持人没有搞好气氛啊，你是徒有虚名！”当时主持人就表示要把自己的主持费退还给他们。

好了，下面大家来了解下，黄色夫妻在婚礼过程中展现出的一些特点：

◆ 坚持自己的想法。黄太太强调自己肯定是对的，结果最后婚礼成了广告。

◆ 希望快速解决问题，缺乏耐心。黄先生如果能够再等等，也许就不会那样尴尬。

◆ 坚信自己是正确的。婚礼效果不如意，黄色夫妻认为都是主持人和婚庆公司的问题。

◆ 强硬严厉。只有黄色有道理，他们就是道理。

对于黄先生和黄太太，可以和他们这么说，结婚是两个人的事情，同时也是一大帮人的事情，婚礼一定会按照你们的想法去做，你们的亲朋好友一定会非常欣赏和享受你们设计的婚礼。主持人在认同他们关于钻石的“偏好”的同时，也要让他们明白婚礼在人生里的不可替代性。黄色是最容易服务也是最难服务的客户群，容易是因为他们直截了当，目标达成一致后很容易推进。难的地方在于面对他们强势，但可能不够正确的意见，我们要肯定他们的方向，用结果来影响他们，给予他们第二方案（缓冲方案）让他们选择，从而达成共识。

第四对 绿色性格夫妻

这对夫妻去咨询婚礼，不是一对，而是一队。他们带来了双方的爸妈、两个叔叔、三个阿姨、两个哥哥、两个姐姐、一个妹妹、一个弟弟，还有两个侄子，外加一个刚满周岁的小侄女。会议室里都坐不下了。主持人给他们出方案持续了近三个小时。所有人都在发表评论和意见，绿先生和绿夫人说得最多的就是“好的，这个可以”。面对这么多人七嘴八舌，主持人尽力地保证着这场婚礼的完整性和逻辑性，终于舌战群雄，保证婚礼不变成两家人的文艺汇演。但是，最终还是被保留了三个花童诗朗诵，两个叔叔送字画，两个爸爸和两方领导致辞，另外还有弟弟妹妹的合唱。再加上倒香槟切蛋糕，宣誓感恩交换戒指，已经能够预测这场婚礼可以比肩小型演唱会了。而主持人明白婚礼一旦超过一小时就没有什么人看了。于是他下定决心，当天他的语言一定要精练！

到了婚礼当天，绿先生一见面就说："主持人老师，我爸的战友是一位退休了的将军。他想上去说两句可以吗？拜托你了。"

绿太太也补充着："我家的外公也想在台上给我们送个红包，我小时候是外公带的，辛苦您了。"主持人看着他们极力地想照顾到所有人的情绪，觉得他们是善良的，只好成人之美，答应了他们的请求。但可怕的事情发生了，有更多的三姑六婆跑来说："你是主持人吧？我要报个节目，《唱支山歌给党听》。"后来，实在是太多了，主持人只能拒绝。有一位大叔来得晚，非要唱歌，告诉他说要经过新人的同意。过了一会儿，大叔又来说："新人说了，一切听你的。"好嘛，这是把烫手的山芋丢给主持人了。主持人委婉地拒绝他后，大叔一下子急了，一口唾沫吐到主持人脸上，还用方言大声骂着："个龟儿子的，新郎都同意了！拿个鸡毛当令箭啊？"

大家可想而知，婚礼现场会是怎样的。对，很像村里开大会的感觉。为什么婚礼会像开会？这来源于绿色的一些特点：

◆ 乐于接受指令。几乎所有的婚礼环节都是其他人给定的。

◆ 以他人的需求优先，有求必应。对大家的需求来者不拒，毕竟是自己的婚礼啊，让所有人开心，自己没所谓啦。

◆ 很少拿主意，逃避责任。明知道会有不稳定状况发生，但是总觉得大家都上了就上了吧，何况又不是自己安排的。

◆ 包容度高，可能会发展成纵容。

对于绿先生和绿太太，他们往往把自己放得较低，太过于考虑别人的需求。他们不是挑剔难搞的客户，但很容易被周围的人影响。我们面对这样的客户，要找到他们身边具有影响力、能够拍板的人，让这个人认可我们百分百的专业性，并推动这个人去管理好绿色夫妻，确保所有环节都能精致、妥善地进行。

用性格色彩，让你的婚礼更精彩！

【电视】

主持人如何读懂性格，摆平娱乐圈的复杂关系

文／寇乃馨

性格色彩演讲师，台湾知名节目主持人、主播、演员

我曾在电视节目上做了一篇7分钟的演说——《别对你爱的人飙狠话》，不料竟引起了热烈反响，甚至还在网络上被冠以《这个女人震撼了13亿人！》的标题。虽然不可能真的被13亿人都看过，但我有位可爱的粉丝，居然很认真地计算了各大网站的转载数字后告诉我，目前至少有7亿次的点阅量！

我很意外会收到这么多来自各方的回应信息，许多人说自己也像我一样，总是忍不住向爱人或亲人口出恶言。有人看了视频流泪忏悔，有人去找对方诚恳道歉，还有快要离婚的夫妻竟然因此和好了！看着一封封道谢信，我感动不已。

但更让我印象深刻的是，其中竟然有几位网友留言表示，他们自己从来没想过要飙狠话，也不能理解怎么会有人如此凶狠。还有网友就像是侦探小

说家，洋洋洒洒分析了一大篇，抽丝剥茧般地控诉我的演说，说我大有贩卖家人隐私求取名利之嫌，并质疑我居心叵测。

被冤枉的我当然感到难过，但也开始觉得纳闷：难道真的有人从来不会对身边至亲情绪失控？真有人能在盛怒之下还照样知书达礼进退得宜？

直到我拜师乐嘉老师，跟他学习了性格色彩以及演讲师课程之后，才恍然大悟。原来，每一个人因为天生性格的差异，加上后天个性的养成变化，都可能有着极端相反的行为表现。甚至，在看似相同的行为背后，可能有着完全不同的动机！

以我目前习得的浅略心得得知：最容易一冲动就飙狠话的，非“红色”莫属！

不同性格的飙狠话程度

- 红色性格，飚狠话程度排名第一

红色最擅长表达情感，却也很容易任情绪大起大落。红色渴望被表扬，却承受不起被别人飙狠话，可是自己脾气暴怒起来时，又管不了东西南北。

- 黄色性格，飚狠话程度排名第二

黄色专注于目标，不择手段，常常忽略他人感受；有自信，敢冒险，情绪不易受外界干扰。因此当别人向他飙狠话时，黄色不会轻易被激怒得失去理智！

不同于红色“撕心裂肺”的狠话风格，黄色的狠话，通常具有明确的目的性。红色只会声泪俱下尖叫着：“你去死！”但黄色会飙的是：“明天中午前，这事你要是没办好，你就死定了！”

（所以在此需特别说明的是：在网络上被疯传的演讲视频中，我开头所举的乐嘉老师对学员飙狠话的例子，其实和后面我所陈述的自己飙的狠话，两者性质完全不同！性格中有不少黄色的乐老师，出言严厉是为了激励学生的斗志，目标明确，用心良苦；而红色的我对亲人所飙的狠话，则只是冲动之下的情绪宣泄。我只是移花接木借了老师的引子带出我的主题。）

● 蓝色性格，飚狠话程度排名第三

蓝色逻辑缜密，重承诺，守规则，渴求完美的精神默契。有话不直说，有怨心里去是蓝色的情绪处理模式。蓝色没说出口的狠话，可是会化成一连串严苛的质问，一句接一句理性优雅却不容打马虎眼的质问，能问到你无法喘气，只想自暴自弃承认“人是我杀的”以求解脱。然后，蓝色还会长久记下这笔怨仇。

● 绿色性格，飚狠话程度排名垫底

绿色是和平主义者，乐天知命，宽容有耐心，不喜欢冲突，极力避免麻烦。对他们而言，天下事真没什么好生气的，正如也没什么事需要狂喜欢呼一样。

想要逼绿色发怒，听他飙狠话，说不定可以列进吉尼斯世界纪录的“最难挑战”之一！同样的，对一个典型的绿色飙狠话，他的波澜不惊，肯定会让你飙得特没劲。

性格色彩除了让我眼界大开，开始明白一样米养百样人之外，亦帮助我更深刻地认知自我。

坦白说，当我的演讲视频疯传，知名度大增诚然是件好事！但越来越多的人在街上认出我后，问得最多的总是这一句：那你现在应该不会再对老公飙狠话了吧？我常被问得无言以对。因为事情真相是：我在公开反省过后，对我老公黄国伦飙狠话的症状，却一点也没好转多少！我感到羞愧内疚，为什么我的演讲能让许多人反省飙狠话的伤害，却改变不了我自己的语言暴力？

国伦会在我急怒攻心对他飙完狠话后，很委屈地问："所以，你演讲时说的那些反省，都只是做戏吗？"

"当然不是！我是千真万确地忏悔，真心实意想改过！但我要不对你说狠话，我对谁去说？！"突然，我被自己情急之下脱口而出的回答给惊到了！

啊！原来是这样吗？

原来国伦常常只是不得不成为"代罪羔羊"，真相是：我把所有在外强忍住的那些不爽、压力、焦虑等一堆情绪垃圾，全都一股脑儿地倾倒在了我最信任的老公身上。

那么，身为红色一族的我，到底是"在外面"硬吞了多少难以下咽的愤怒啊？

所谓人在江湖，身不由己！我所身处的演艺圈，和一般职场相比，有许多不同的特性：

◆ 朝不保夕特没安全感。今天火爆的，也可能随时被观众抛弃。所以，若不敬业乐群与人为善，肯定是会吃亏的！

◆ 人与人需要高频率互动交流。都是衣食父母，谁也不能得罪。

◆ 凡在镜头下走过的，都会被记录存底，在媒体上任何小事都可能被放大成丑闻，再细微的动作都可能成为历史画面让人追悔莫及。

所以，在艺界求生多年的我，早已练就了一套几乎不会在任何工作场合失态的防护系统。在不知何时会有“狗仔队”出现的情况下，面对特写的表情，只能是巧笑倩兮；面对媒体询问时的回答，只能是温良恭谦。

但偏偏在我力持“宠辱不惊”的演艺生涯中，还是不时会出现一些让我忍不住气血逆流的难关。心念所及，脑海中即刻蹦出了几个最具代表性的“强敌档案”。

黄色性格的领导

在演艺圈中，导演、制片人、电视台高层等人，都是具有绝对权威的存在！但我曾经却初生牛犊不畏虎地得罪过一个高层领导！

话说我某任前男友是某个节目的执行导演，他的顶头上司H哥是个为求收视率不断逼迫员工拼命的黄色。眼看我当时的男友制作节目忙到昏天黑地，没时间陪我不说，甚至连续好几天没时间吃饭睡觉，快要过劳死，我又是着急又是心疼，再加上碰巧得知了一件“泯灭人性”的惨案：H哥的专属司机小李，原本正要准备结婚，没想到飞来横祸——未婚妻竟然在婚前发生车祸身亡！谁知道H哥竟然一如既往继续使唤小李，连安慰词也没给一句！我得知此事后，想也没想，就直接冲到办公室去找H哥单挑！我开门见山就开呛了：“H哥你太过分了！一点同情心都没有！你懂不懂带人要带心啊？把员工苦死了，以后谁还敢为你效力？你知不知道有多少离开公司的人都在说你的坏话？你再强大也不能不怕员工都怨恨你啊！”

结果呢？黄色的H哥表情冷峻地看了我一眼，当下就把我男友叫了进来。然后，H哥开口对他这么说：“我工作多年，从来不会让我的女人进办公室参与公事。今天你的女人来找我算账，要我顾念员工心情。我告诉你，我的责任是让员工都有饭吃，不是做你们的心理辅导！现在你决定一下，看是要教育好你的女人，让她不要再过问你的工作，还是你们现在就一起离开？”

我那男友总还算是个有肩膀可靠的男人，当场一鞠躬谢过领导的照顾，然后就辞了职，护着我离开了！

我的“红色热血”力战“黄色霸王”的后果，就是让我前男友丢了工作！直到我和该男友五年恋情分手后，我厚着脸皮穿小鞋，弯下腰，写了卡片，送了礼物，还附上一个亲手加工的“负荆请罪”玩偶，再三诚挚道歉，H哥才重新录用我上节目。

你说，此后我还敢再挑战黄色吗？无论喜欢与否，我也只能认命接演每一个被指派的角色，即使扮相丑怪也只能忍下。

蓝色性格的同事

但比起气焰嚣张的黄色，更让我憋屈的是心思难猜如海底针的大蓝色！

我曾经满怀爱心地加入了一个由艺人们自发组织起来的公益协会，任务是每年由艺人们自己募款，并全权负责从幕后搭台到幕前演出的事宜，协力同心地主办几场慈善晚会。

开会时，会有人迟到早退，会有人突发奇想，而且鲜少有人会觉得需要先举手再发言，通常大家会七嘴八舌，多声道同时抢话。场面十分精彩！

在一团闹腾中，最特立独行的，常是一脸严肃，还不停埋头记录的T君。每当大家讨论得吐沫横飞、难分难解时，T君总会说出他的经典台词：“让我们先来整理一下重点，拉出工作流程表吧！”然后他会拿出早就画好了整齐格子的任务分配表，要求我们每个人在各自选好的工作下方签名认领。T君条理分明，井然有序，对推动工作进度确实帮了大忙。

问题是，T君的规矩常常是不容更改、不知变通的！不论是更好的表演创意，还是因时制宜的策略更改，或是彩排时间的调整，只要和之前他已规划好，而我们也签名的会议记录有所不同，就会惹得他严重地焦虑和不快！

有一回，就因为我擅自追加了爱心T恤的义卖数量，踩到他的底线。其实，我真的只是一片好意，那时三场晚会共有上万观众将会进场，但我们只准备了1000件T恤义卖。负责宣传组的我，就以组长职权又追加了1000件。我想，要是能多义卖几件，爱心基金就能多几分力，就算卖不完，大不了我自掏腰包买了剩下的货分送亲友，这样应该不碍事吧？

不料T君听闻此事后却大为不悦，他发了二十多个问题到我的邮箱：义卖人手不足怎么办？增加的人手若是不靠谱怎么办？义卖时间若拖长了，影响节目演出怎么办？运费增加怎么办？其他同人觉得我独断专行怎么办？若最后由我负责买单，其他艺人觉得自己被看不起怎么办……一连串的“怎么办”简直逼问得我火大。

最可怕的还不止是这些“回答不完的问题”，最让我难受的是，他既不愿当面来找我吵一架，也不直接表达他有多不爽，只是在接下来的两个月里，在各种场合碰上了，总让我觉得有点不自在。我找他道歉，他只淡淡说句“没事了”，但我们之间的情谊，却一直再也没有回来过。

蓝色T君那份墨守成规的不安全感，表达起情绪时不痛不快的纠结，实在让我在胸口郁积了一股闷气，怄得我内伤颇深。

绿色性格的助理

但比起黄色的高压报复和蓝色的拒人千里，最能让我高举双手投降的，还要属仅仅只是气定神闲，就能让我武功尽废的“绿色”！

你试过在“兵荒马乱”的忙乱工作中，找个绿色的助理来帮忙吗？保证你如果没被急出心脏病，就一定能功力倍增晋级成超级战将！

我就曾经拥有过这么一个宝贝助理小玲，她最大的优点是脾气超好，忍耐力特强。我就算工作到再晚，她也不会像上一任红色助理那样垮下脸来抱怨。即使我逛街逛到忘记了时间，守在车上等了一下午的她，也会悠然自得地看本旅游书，然后笑眯眯地迎接我上车。

起初我简直如获至宝，觉得捡到了一个天使来帮助我！直到有越来越多的电话向我投诉说：我的房租逾期未付，我的发票还没开给节目组，我修改好的礼服尚未取件，甚至还有许多工作邀约我根本不知道！

怎么回事？我找小玲来问：“这些事不都是你该做的吗？为什么都没办好？”

她的回答很妙：“因为他们还没来催我要啊！他们若来要，我就会给他了。”

“那为什么有工作通知不转告我？”

她答：“我以为你知道，他们没找上你吗？”

最常见的问题是，我让她第二天开车来家里接我，但我常常坐在房间等了许久，还没接到她的来电，忍不住打过去问她到底在哪儿，才发现她早在约定时间之前10分钟，就已经抵达我家楼下了！

我问她为什么不告诉我一声她到了。

她一如平常，轻声细语、慢条斯理地回答："我想时间到了你就会自己下来。"

"那我一直都没下楼，你怎么就不怕我睡过头了？"

她很无辜地说："我不想打扰你……"

唉，瞧瞧，当黄色快逼死你，蓝色要憋死你时，绿色则会急死你！

小玲的超级无敌"从容不迫"，还曾经活生生搞砸了我一桩大买卖！当时我有套房子招租，谈妥了租金，只等下个月签约入住。不料，就在我等着坐收房租时，对方却反悔不租了！

为什么？因为我们家小玲常常不接电话啊！房客有要求想沟通也总等不到回音，以为我们不想出租了，只好另觅他处！

你说，我该不该生气？这必须骂吧？只是责骂绿色人，效果很一般。只要我声音一大，小玲就会直接切换成呆傻模式，不但答不上半句话，就连道歉都说不出口。

唉唉唉，活该我实在喜欢小玲的温和性情，把她当妹妹疼，既然舍不得辞退她，只好由我一人当三人用，由我来盯她时间，由我来提醒她要叫我起床，由我来催促她记得缴费。我请了个绿色的助理，然后，我干了五年"助理的助理"！

如此看来，一个女明星在演艺圈的苦难实在不小吧？从高层到下属，都有可能是让我失控的危险因素。所以，并不能说红色没有自控能力，而是我全身上下的忍耐力都在进家门之前耗尽了啊！

所以，如何能不对所爱之人飙狠话？

为今之计，只有正视并缓解我在工作上的压力，才能将我老公从悲惨的宿命中解救出来。所幸，我已开始学习性格色彩，虽然还只是在初学入门阶段，但能理解人与人之间的大不同，对我已是一种救赎。至少，我明白了，有些人，只是天生性格如此，并非故意与我为难。

接下去呢，就期待我能以崭新的态度加上成长的热情，试着去学习不同性格之人的优点：学黄色的目标明确，学蓝色的深思熟虑，学绿色的慢活养生，然后再学如何以“钻石法则”来应对不同性格的人。

当我在职场上，能越来越快乐而不用再过度勉强自己，我应该就能渐渐不需要再拿老公来当出气筒飙狠话了。而且，我突然警觉起来，我想我最好还是得加紧进度，尽快学会正确地纾解情绪。要不然，等到哪一天，万一我那红色成分也不少的老公忍耐到了极限，若是把他逼到崩溃暴走，他要真气极了飙出了狠话，我一定会承受不起！两个红色若疯狂“开撕”对飙狠话，绝对会“血流成河”，这不是件好玩的事儿，我必须要慎之戒之啊！

注：为保障他人隐私，本文所提及之人物代称，以及部分情节皆略有调整，以避免给任何人造成不必要的困扰，亦请大家勿对号入座。

【航空】

飞行员怎样化解与机长的内斗

文／郭晓峰

性格色彩认证培训师、国外航空公司飞行员

有多少人和我一样，从小就梦想当一名飞行员？可以免费周游列国，尝遍各国美食，看尽世界名胜，体验风土人情，更重要的是，还有美女帅哥结伴同游！

但又有多少人真的愿意把飞行员当成职业？报考飞行员，有一种素质往往被人们忽略，这恰恰也是我入职后慢慢发现的。殊不知这才是决定你可以在飞行事业中飞多高、行多远的秘诀！

第一个下马威

初入行不久的某天晚上，我穿上整齐的制服，拉着满载飞行笔记和文件的飞行包，抖擞着精神踏进预备飞行计划的飞行操作控制中心。拿出航班的相关文件，我细致地翻看飞行计划的每一页，了解出发地、目的地、沿途的天气状况、航线资料、机场资料等。就在我差不多看完飞行计划时，一位看上去有点严肃甚至不太友善的机长走了进来。我紧张不已，心想：不要是他，不要是他！俗语说："好的不灵丑的灵。你越不想发生的事情就越会发生。"那位机长走到我的桌边，他真是我今晚的训练机长！

我只好安慰自己："别紧张，他也不一定很难相处。"

机长很简单地说了自己的名字，不再出声，只看着我，我瞬间明白了他的意思。

我简单介绍自己之后，直接开始汇报飞行计划的内容。

突然，他打断我，严肃地问我："你刚才有没有看这份文件？"

"有。"

"你确定你有看吗？"

"有啊……"

"有？如果你有看，为什么你说的跟我知道的不一样？如果你有看，为什么你会说错？这证明你没有看！你没有看却跟我说你看了，就是骗我！说谎代表什么？代表你诚信有问题，这非常严重，我怎么可以让你跟我飞呢？今晚你不用飞了！你自己想该怎么办！"

我被这一通突如其来、劈头盖脸的指责吓了一跳。我是说错了，但可能是因为我紧张记错了。但我真看过，怎么就把问题上升到诚信的高度了？是不是夸张了？

不管怎样，错了就是错了，我只好不断道歉，接着汇报。

第二个下马威

不到两分钟，他又打断我："这是什么简报？简报是把相关和重要的资料告诉我，而不是把每一条信息都告诉我！如果你什么东西都告诉我，那不如我自己看……够了！现在不用你简报我！"

我哑口无言。短短几分钟里，我已经被训得体无完肤。

离开飞行操作控制中心，我们走向飞机。这段路程特别漫长，我静静跟在机长和高级副机长身后。一方面怕再得罪他，另一方面调节自己的呼吸。我发现高级副机长们跟机长说话也都小心翼翼的。

当时我的心就像被大石压住似的，呼吸困难。我预感之后还会被折磨得遍体鳞伤，整个气氛充满了紧张和压抑，我祈祷自己尽量不要再犯错。可机长总能在不同的点上发现我的问题，然后无情地斥责。

第三个下马威

粤语中有一句话叫："食得咸鱼抵得渴。"在飞行的技术和知识上犯错误，机长是有责任指出并纠正我的，我愿意接受。但他在其他方面骂我，我就不太能理解。

那是一趟长途飞行，飞行员不免要离开驾驶室去洗手间。我们出去时有个习惯：询问其他飞行员有没有想吃或想喝的，我们可以顺便告诉空中服务员。这是一种代表尊重和关心对方的行为。

"机长先生，你有什么需要吗？我出去的时候跟空中服务员说一声。"我说。

"你想当空中服务员吗？如果是，你去后面，不用再回来。你去洗手间就直接去，不要说这些废话！我需要什么我会自己告诉他们。你记住你是飞行员，你只需要做飞行员应该做的事就好了，明不明白？”

“对不起！我不是这个意思，我当然想当飞行员，对不起！”

第四个下马威

好不容易挨过了漫漫长路，到达目的地已经是晚上，我们约好出去吃晚饭，一行四人到了一家中餐馆。

机长说：“我们叫小菜一起吃，你们每人选一款。”出于礼貌，我问：“你看这个好不好？”谁知这也可以被机长教训一番：“我已经跟你说了，每人选一款，为什么你还要问呢？你自己决定不成吗？”

我再次哑口无言。回酒店的路上，我还沉浸在刚刚的烦闷中，不小心被自己的鞋带绊倒，擦伤了手脚。哎哟！我到底做错了什么要这样惩罚我呀？之后两天，我没出去玩，只待在酒店房间里埋头苦读，希望回程的时候机长可以放我一马。

看懂不同性格的机长

文章开头我提到有一种东西能“决定你可以在飞行事业中飞多高、行多远”，其实就是指人际关系。尤其要知道如何与你的顶头上司相处，才能避免冲突。

飞行工作有个特点，每次航班的机长和机组人员都不一样，绝大多数都是素未谋面的。相处时间不长，要摸清他们的性格似乎很难。但性格色彩告诉我们：人的行为千变万化，但行为背后的动机却有规律可循。

据我观察，红、蓝、黄、绿四种性格的机长，各自有不同的思维习惯和行为特点。

那些喜欢聊天的机长大多属于红色。即使跟我第一次见面，他们也能像见到老朋友，从工作到生活无所不谈，乐于分享。他们总说："为什么要把工作氛围弄得那么严肃？我们应该好好享受工作的乐趣。"到了外地，他们乐意当导游带我们四处玩乐。这种轻松的做事风格能让我放松，从而避免因紧张而犯下不必要的错误。**红色机长心态开放，愿意接受你的意见，虽然他是机长，拥有最高的权力和地位，但他们知错就愿意承认甚至道歉。**

红色机长普遍容易相处。唯独有一个问题：当大家还是第一次见面时，他们就"自来熟"，想把你的家庭、工作、教育背景问得一清二楚，这会给一些内向、注重个人隐私的飞行员带来压力。另外，一些红色机长还会因为突如其来的问题和压力产生情绪化，变得暴躁易怒。

蓝色机长不太爱说话，只是专注工作。他们一丝不苟，按照操作手册做事。他们不容许自己犯错，同样不容许你犯错。如果你没有按照手册的要求做，他们会很较真儿："哪一本手册上这样写的？是谁教你的？你以往都是这样做的吗？"他们认为操作手册上的任何程序、步骤、规则、指引都是由前人惨痛的经验教训总结出来的，我们必须尊重。为了规避任何可能的风险，我们必须严谨地遵守规则。他们所做的决定和行为都有白纸黑字做支撑，如果你有所质疑，他们肯定可以拿出某本手册，证明他们是对的。

跟蓝色机长工作会很放心，因为按照手册上的要求做，安全有保障。但有时候他们过于严肃的表情、不容许出任何偏差的挑剔以及跟任何人都刻意保持距离的状态会让人变得紧张，产生无形的压力。

● 黄色机长做事干脆利落、快速直接、头脑清晰、临危不乱。他们目标非常明确，来驾驶室就是做飞行员应该做的事，因此他们不喜欢聊天，也不说废话，更讨厌你说废话浪费他的时间。在黄色机长的领导下，你会很清楚自己该做什么。一旦你目标模糊，他必定当头棒喝，让你清醒。他们说话就像在命令，简单直接。他们对低级错误的容忍度很低，当你一犯再犯时，他们一定有办法让你永远记住，不会再犯。当你想向他提出质疑前，最好确定你是对的，否则会遭到无情地还击。跟他们工作，你必须百分之百尊敬他，不能有丝毫不敬。

黄色机长的威严气场让人不敢接近，你可能因胆怯而不敢提意见。很多人觉得跟他们工作压力巨大，但后来我发现：恰恰是在黄色机长的领导下，我学得最多，进步最明显，成长最快！

● 我喜欢跟绿色机长工作，因为他们平易近人。虽然他们的职位比我高，却完全没有架子，更不会滥用权利。他们说话不多，但我也不会觉得有距离感，反而放松。他们要求不多，只需要安全完成飞行任务就可以了。他们总是温和地说："不要紧张，放松点就好啦。"他们乐于接受你提出的意见而不会觉得被冒犯。这对于副机长而言是非常重要的。因为我们知道，有很多人为错误导致的航空意外都是因为副机长不敢出声，或是他们的意见被忽视。

绿色机长很好相处，但由于他们是老好人，只要你没有危害到飞行安全，他们通常不会指出你工作上有什么问题，也不会纠正你不好的地方。结果是，你不但学不到什么新的飞行技巧，专业领域上也没有太大长进。

飞得不累并不难

了解了不同性格色彩的特点，你觉得那天给了我四个下马威的机长是什么性格？

很多刚刚了解性格色彩的初学者会认为他是黄色，这只答对了一半，他的真实性格是红＋黄。

典型的黄色机长不太会因为我只说错一点而大动肝火，接二连三地找碴儿指责。就算指责，他们也只会就事论事，不会借事发泄消极情绪。而红色为主的人更可能因一点小事产生情绪化，喜欢用夸张的言辞抒发不满，在他的性格中，黄色只是他的辅色。

比如有人问黄色想喝什么，他们最多说一句不需要。他们的指令和指责都是简明扼要，不会借故讽刺或调侃，只有红色在情绪化状态下才会这样做。

性格色彩强调的是动机，不同性格的人可能做出同样的行为，同样性格的人也可能做出不一样的行为，所以我们必须根据动机判断我们的洞察是否准确。

后来我问那位机长当时为什么那样对待我。他说他以前挺好相处的，也很热情。但他发现学生知道他好说话，所以不做功课不好好准备。为达成他的教学目标，他变得严厉，这样做果然可以达到预期的效果。他觉得学生喜不喜欢他不重要，因为怕他而变得认真才重要。原来如此啊！

我曾因不理解机长的做事方式而感到困惑、痛苦，当我了解了不同机长的性格，我就知道该用怎样的方式和他们智慧地相处。

有个下午，我们开始了飞机的下降程序。机场的天气报告说：“降落跑道20右，风向一八零度，风速每秒5米，跑道视程（RVR）[1]700米……”什么？跑道视程？这个机场能见度通常不会那么低，这可能是山火引起的雾霾导致的。

当跑道视程出现时，公司指引我们不用人手降落，改用电脑自动降落。我问这个机长：“现在跑道视程是700米，需要改用电脑自动降落吗？”机长答：“继续人手降落。”我本来还想再说什么，但克制住了，此时反驳必遭斥责。我决定暂不争论，翻查公司的操作手册确认到底是“建议”还是“一定”，结果是“建议”。最后我没有坚持改用电脑自动降落。

另一个问题是，机场的每条跑道都有它最低能见度或最低跑道视程的要求，如果能见度低于要求，是不能在那条跑道降落的。虽然大多数情况下，法定的RVR最低要求是550米，但我觉得还是有必要确认一下。我立刻检查航图，发现跑道20右的RVR最低要求竟是720米，也就是说，跑道20右要求实际天气的RVR大于720米才可降落。而当时的天气报告RVR只有700米。不过幸好跑道20左的RVR最低要求是550米。我忙说：“机长先生，我刚检查了最低跑道视程的要求，跑道20右是720米；跑道20左是550米，我们不可以用20右来降落，我们需要要求20左。”

机长说：“什么？根本没有人要求20左。”

以前的我可能会因为胆怯而逃避，相差20米看上去好似微不足道，但法规既然定了就要执行，这次我决定再说一遍，但用另一种方式：

---

[1] 跑道视程（RVR）：在正常的天气状况下我们都用“能见度”来描述我们可以看多远，只有在能见度低的时候我们才用“跑道视程”，它是指飞行员在跑道上能识别跑道标志的距离。

“机长先生，不好意思啊，麻烦你可不可以帮我看看这张航图上是不是写了720米，通常RVR的最低要求是550米，有没有可能印错呢？”

“真的写了720米，那跑道20左呢？”机长说。

“跑道20左是550米。”

“那快点要求跑道20左！”

“好！”

其他航空公司的飞行员听到后也发现了这个问题，纷纷要求于跑道20左降落。机长说：“做得非常好，你看，因为你的坚持，其他飞行员才知道。”

类似这种情况，以前的我会选择逃避，以避免和机长的冲突，但给航空安全带来了隐患；或者就是为了遵守规则选择正面冲突，自己又会很委屈。学了性格色彩我发现，规则和冲突之间不是二选一的关系，我可以在不进行冲突的情况下坚守规则，秘诀是要用适合他人的方式与他人沟通。对红＋黄的人，提出建议最好的方式是以请教的口吻。

原来，换个沟通方式不但可以达成我的目标，还可以让双方都舒服。如果你不确定你是对的，你要先去确认；如果你知道你是对的，可以尝试不同的方法坚持。当我尝试用询问请教的方法和这个看上去凶狠强硬的机长沟通时，取得了很好的结果。

很多人关心你飞得高不高，但很少人关心你飞得累不累。人际关系处好了，自然就飞得不累了。

第二篇 2

职场篇

【面试应聘】

面试中需要提防的语言陷阱

文／商迟

性格色彩认证演讲师、复星集团印度投资部投资经理

面试是所有求职者都需跨过的坎，尤其很多职场新人不乏面试挫败的经历。有人紧张，不知如何准备；有人面试之后被拒，摸不着头脑；也有人自认为发挥出色，却没等来offer。问题出在哪儿呢？

先来说说我的两次失败的面试经历。

面试不过关是能力不够吗？

2007年我刚毕业那会儿，去应聘一家电脑品牌制造商的管理培训生职位。

大学期间，我曾在学生会及社团担任过负责人。因此面试开始，

我就自信满满地耍起了嘴皮子，自豪地告诉面试官自己做过多少活动，多么有能力。但面试官似乎不为所动。我觉得可能是火力不够，于是更带劲儿地向面试官论证自己是潜力股，很有希望成为未来的领导者，为企业创造价值。整个过程，面试官不冷不热地抛出了几个问题，我就口若悬河地推销自己。

最后，面试官说："我们对您大学期间的学生工作印象深刻，您这样的学生领袖我们也见过。但很遗憾您不是我们需要的人，我们企业秉承的是'求本务实'，我们希望管培生踏踏实实、一步一个脚印。您非常优秀，但至少在刚才的面试里表现得不够踏实。所以我们的面试只能到此为止。"

回去的路上，我一直在反省，并暗下决心：以后面试切不可浮夸，要展现出踏实稳重的一面。

接下来，我收到了某日企招收销售代表的通知。我牢记教训，在整个面试中表现得中规中矩，试图展现持重和沉稳。回答问题尽量精简，几乎不用夸张和修饰词。

一周后，与我同去初试的两位同学都收到了复试通知，而我还是没能进入复试。后来与同学分享面试经验时，我了解到，这家公司希望找一个处事灵活、沟通力强的销售员。过于稳重的应聘者不在他们的考虑范围内。

两次失败的面试经历让我陷入沉思。面试不成功不等于能力不行，因为很多时候面试官更看重你的性格特征是否与岗位要求匹配。我在上两次面试中展现的特质正好与用人单位的需求相反，与工作失之交臂就不足为怪。

后来，结合自身和周围人的经验，我发现性格色彩能很有效地帮助我们做好面试准备以及在面试过程中加分。

洞察企业文化和岗位需求

如果把企业比作人，那企业文化就相当于人的性格。不同企业文化吸引的员工类型也不同。

以销售及创意为导向的公司，企业文化多为红色。如4A广告公司、强生、联合利华等快消品企业，其员工也多为红色。

值得注意的是，同行业的不同公司，企业文化也不尽相同，切不可凭主观印象基于行业分类就给企业乱贴标签。

以IT行业为例，多数人以为IT企业多是技术类人才，企业文化就是蓝色。比如，IBM作为世界上最老牌的IT企业，从企业标志色“深蓝”就可看出，IBM彰显沉稳持重的文化。我一个曾在IBM工作过的朋友，平日做任何事都很有条理、逻辑缜密，充满了蓝色的行为特质。当然也可能他是受企业文化影响被训练出来的。**面试蓝色公司时，要尽可能表现得沉稳持重，另外，对专业知识的准备一定要做足功课，因为蓝色公司的领导和人事非常注重考察细节。**

IT行业另一个龙头Google的企业文化就完全不同。其宽松自由的工作环境早已为人所知，这种氛围非常吸引随性的红色员工。**Google这类红色企业喜欢寻找具有创造力的人才，因此在面试红色企业时需要展现创新性和灵活性，敢于挑战和突破现有框架。**

作为国内知名的信息技术企业，华为的企业文化是“狼性”：一切行为只为达成目标。这类黄色企业希望寻找结果导向、目标明确、高效、有执行力的黄色员工。即使员工天性并非如此，也会被这种工作氛围训练出“狼性”。杰克·韦尔奇先生领导下的通用电气（GE）也以黄色企业文化著称。据悉，在GE连续两年被评为最差的10%的员工就会面临离职的风险。**面试这些黄色企业之前，应聘者可以有针对性地准备一些问题，如“通过何种方式**

在入职后能做到前10%”。简历中也需要凸显黄色企业需要的特质：结果导向、坚持不懈、目标明确、执行力强。

以服务为导向的企业，往往需要性格有绿色的员工，待人平和、耐心友善，服务客户时不会有太多情绪波动，例如高级酒店管理服务人员。

当然，同样的企业，应聘不同岗位，在面试过程中所需展现的特质也不同。

比如应聘某制药集团的销售岗位，面试者需要展现红色的善于沟通、灵活多变。企业研发岗位则需要细心沉稳、专注坚持、有健全知识体系的蓝色。一些名企的管理培训生岗位青睐结果导向、目标清晰、解决问题能力强且善于坚持的黄色应聘者。企业的支持类服务岗位，则喜欢善于协作、有亲和力的绿色应聘者。

hold住四色面试官的考验

所谓“知己知彼，百战不殆”，面试官常用的面试手段有哪些呢？

红色性格面试官：捧杀绝技

好友C去应聘某外资公司的销售职位。

面试官是位笑容可掬的中年男士，听C做完自我介绍，对他的家庭、兴趣逐一询问：“家是哪里的？……哦？河东人啊，河东人好啊。我很好的几个哥们儿都是那儿的……平时喜欢干吗？……看球？不错，我也喜欢，你喜欢哪支队？……真的？我也是曼联球迷……”

当面试官得知C也是曼联球迷，似乎大有相见恨晚之意。接下来的面试过程，也对C大加赞许。C哪见过这种阵势，满腔士为知己者死的冲动，用后来他自己的话说，当时掏心掏肺，该说的不该说的全说了。面试结束之后信心满满，既然和面试官那么投缘，一定胜券在握了，不料他再也没机会见到这位“投缘”的面试官。

也许无法判定这位面试官的本色是否为红，但他展现出了红色的开朗健谈和热情主动。“捧杀”是个比较有效的面试手段：

第一，考查面试者面对褒奖和夸赞的反应，是否会因“捧杀”而飘飘然。

第二，考验面试者是否目标明确，明白面试的本质是“找工作”而非“找朋友”。

如果面试者正好是像C那样易受外界影响的红色，第一次碰到这样的面试手段，很容易被封杀，唯一的诀窍在于保持警惕心。适当闲扯可以调节氛围，但最终还是要回归到和面试相关的议题。对于赞美和夸奖要淡定，从内心保持敬畏和谦虚。

蓝色性格面试官：刨根问底

当年在MBA入学面试时，面试官让我回答一个关于投资理念的问题，我提到自己比较推崇巴菲特的价值投资理念，不料撞在了一位面试官的枪口上。他对巴菲特的背景非常熟悉，于是开始了如下“拷问”。

“你认为巴菲特最成功的投资是哪一笔？”

“我个人认为是可口可乐。”

“为什么呢？”

“巴菲特从1988年重仓买入可口可乐……”

“还有别的标的吗？”

“嗯……喜诗糖果。”

“除了消费类企业还有吗？”

“GEICO吧。”

紧接着，他又连珠炮似的一通发问：“再谈谈巴菲特不成功的投资吧……你认为巴菲特这套模式在中国适用吗？中国有谁模仿巴菲特比较像？你认为巴菲特受格雷厄姆影响多一些还是费舍多一些？刚刚你提到查理·芒格，你怎么看这一对组合？”

之前我读过大部分巴老前辈的书，即便如此，还是被面试官追问得颇为狼狈，要绞尽脑汁才能搜索到记忆深处某个章节的内容。

我一位朋友就没那么幸运了，向面试官吹嘘自己概率论学得不错。当面试官要求他写下伯努利方程和贝叶斯公式时，他却写不出，自然与这份工作无缘了。

应聘研究或技术岗位时，很可能碰到这类喜欢一探究竟、刨根问底的蓝色面试官，他们非常注重细节，也看重诚信。应对此类蓝色面试官，除了在面试前做足功课和知识储备外，切忌不要信口开河。对于不懂的知识点要坦诚承认，不然蓝色面试官会对你的诚信提出质疑。

应聘者可尽量将面试官的注意力和提问点引导到你熟悉的领域。

黄色性格面试官：压力测验

某次群组面试，小组十分顺利地完成了三十分钟的讨论和汇报。部门老总不留情面地指出：“这是我见过最糟糕的群组面试，你们每个人表现得都很差，你们要好好想想为什么会这么差，差在什么地方！”

大家初步反省。有人说，我们这点、那点做得不好，我们还需要向几位前辈多多学习。有人说，我们哪几点还没考虑到，当然我们尽了最大努力。

一圈结束后，老总表示："我对大家的群面表现很失望，但对大家过场式的反省总结更失望！我很遗憾地告诉大家，本次群里的所有成员，没一个能够进入下一轮面试！"

此言一出，两位同学情绪激动地站起来，大声申辩并欲甩门而出："三十分钟内你的要求不可能完成！这样的公司不进也罢！"

群情激奋之时，同组某同学起身将这两位同学拦下，向面试官表达了谢意，感谢他的指导，对于不能进公司表达了遗憾，最后安静地离开了。

后来听说这位同学拿到了最终的offer。

压力面试也是一种常用手段。其目的在于激起面试者的情绪反应，或惶恐或愤怒，这也是考查应聘者面对工作压力时可能产生的状态。**面对黄色面试官，较为妥当的应对方法是：始终保持谦虚并尊重的态度，坦然处之，适当承认自己的不足。**此外，需要应聘者牢记：群组面试最后的点评环节也是面试的一部分，不可掉以轻心。

绿色性格面试官：沉默反馈

前三种面试官都会基于应聘者所谈内容给予回馈，但有些面试官无论你说什么，其表情、姿态都没有变化，也不给反馈，最多平和地回复"哦"、"嗯"。即使面试官心里有什么想法，也不会当面指出。其实，"默认不语"也是面试官对于应聘者的一种考验。

“面试官你好，我叫J，毕业于某大学，非常高兴今天有机会能参加这次面试。”

“嗯，你好。”（点头示意继续）

“我是一个……的人，我有以下几个特质适合这个岗位，一是……二是……”

“嗯，然后呢？”（面试官语气平和，眼睛开始看电脑屏幕）

“除此之外，我还获得过……荣誉。”

“嗯，好，对我们公司了解多少？”（语音语调无任何变化，眼睛未离开屏幕）

一番流程式的提问后，面试官的眼睛终于离开屏幕回到面试者身上：“好的，你还有什么问题吗？”

“没了。”

“好，谢谢你的时间，麻烦请下一位面试者进来。”

碰到此种面试官，愤怒者有之：“你到底有没有在听我说话？你凭什么不尊重我们面试者！”沮丧者有之，原本准备挺充分的，却觉得面试官对自己毫无兴趣，于是情绪低落，发挥失常。

碰到此类绿色面试官，切不可因为对方“爱答不理”就自乱阵脚。要么是你说的他真的不感兴趣，要么就是面试官在考验你。如发现对方对于你的回答无动于衷，不妨在叙述过程中留白几秒，吸引一下面试者的注意。又或者可以打住冗长的叙述，重启话题，讲一些面试官可能感兴趣的话题。

最后环节中，在被允许的情况下可以化被动为主动，向面试官提问，给面试官留下深刻印象。

仅凭初次接触，不一定能完全判定面试官是哪种性格，但可以通过面试官的面试形式，洞察他在考验你什么，他可能需要怎样的人才。

不同性格的应聘者如何扬长避短?

除了洞察各类型面试官的性格特点，懂得应对之法，应聘者也不能忘记把握自己的性格特质，扬长避短。

红色性格应聘者：莫要临时抱佛脚

面试准备：提前做好准备工作，多早都不为过。

我身边一个红色朋友，多次在不同面试的前一天晚上临时抱佛脚，第二天发挥得也不错。最后在面试他心仪的公司时拖延症又发作，把原本可以提前一周的准备工作拖到了最后一天，结果由于准备仓促与心仪的工作失之交臂。更有甚者，自以为离面试还早，不急着做准备，不料突然接到公司的电话面试，导致措手不及。

比较保险的做法是随身带一份简历。面试阶段，背诵一套说辞，以便随时应对电话面试。当然，如果电话面试突然来临，的确还没准备好。你可以客气地告诉面试官你在上课或正在路上信号不好，再约一个更合适的时间进行电话沟通，从而给自己争取时间进行更加充分的准备。

准备应聘技术类岗位时，一定要做好充足准备工作，甚至有必要请一些在相关领域有所擅长的蓝色朋友帮忙进行模拟面试。

面试过程：面试销售、创意类岗位，红色应聘者是具有天生优势的，但要注意对于自己的经历不要夸大，只需实事求是阐述过往的成绩，无心的夸张可能会被别人认为存在诚信问题。

此外，在群组面试和单独面试时需要注意说话的逻辑性和连贯性，千万不可天马行空。在面对“压力面试”和“捧杀面试”时切不可“大喜大悲”，表现得情绪化。

蓝色性格应聘者：莫要过分求完美

面试准备：不担心你准备不充分，只担心你过于完美和严苛的自我要求，导致效率低下，错失机会。

蓝色很有计划性，但顾虑太多，没开始做就想到很多风险，执行力差。有时，蓝色应聘者为了全心准备一家心仪公司的面试，没有精力再准备其他公司，以致错失良机。招聘季的日程非常紧张，有取有舍无可厚非，但出席便是最大的机会。某种程度上，不可为了一棵树而放弃整片森林。

面试过程：群组讨论时，要注意主动参与讨论。

蓝色较为内向，在大家都在讨论的时候，他可能还在默默思考，力求想出一个完整无缺的答案，却忽视了只有参与才有表现的机会。当整体讨论方向有所偏离时，蓝色可以发挥自己逻辑缜密的优势，引导集体讨论的方向。

个人面试时，对于问题的回答尽量细致，对于申请销售创意类岗位的蓝色同学，需要加强语言生动性的训练。

面对“压力面试”和“沉默反馈”时，保持语言和思维的连贯性，不因外界反馈而打乱自己原先的计划。

黄色性格应聘者：莫要咄咄逼人

面试准备：求职过程，不要过于自负，单打独斗。

可以和比较有经验的职场人士聊一聊，他们会告诉你有时不必太用力也可以获得成功。在工作和人际关系中需取一个平衡点，黄色争强好胜，什么都想拿第一，甚至为此可以忽略别人感受。我曾见过两个好友为争夺一份工作，最后反目，形同陌路。对此我只能说“不值得”。

面试过程：群组面试的原则是“坚持而不强势”。

某次面试小组讨论中，一位黄色应聘者非常强势，基本不给别人说话的机会，言辞直接而批判性强。最后导致群情激奋，群起而攻之。整个群体面试被HR称为“最差的群体面试”。

在单独面试中，要学会“以柔克刚”，不要采取硬碰硬的方式回击面试官的问题。压力面试的核心是观察你在压力下的反应，谨记面试最终目的是赢得工作机会，而非在某些问题上跟面试官一争高下，挑衅和强硬的回击都可能被面试官理解为情绪化以及不成熟，适当的谦逊更为面试官所欣赏。

● 绿色性格应聘者：莫要做墙头草

面试准备：绿色应聘者需要找朋友、家人做他的驱动力，促进他的求职进程。

绿色有点拖沓，他的不争让人感觉没进取心。他什么都无所谓，这个工作可以，面试不进的话，那个工作也可以。

面试过程：绿色应该适当展示出自己的主动性和思考力。

群组面试参加讨论，绿色最容易扮演一个安静的倾听者，沉默不语，对什么观点都点头称是，没有自己的观点。如果一定要他发言，他大多数情况也是附和别人的观点。面试前，多向身边朋友寻求帮助，多做几次模拟面试和思维训练，熟能生巧，这样才不会胆怯。

面试过程可变性很强，不能保证每一场面试你都是最优秀的那一个。但上述利用性格色彩的洞察、修炼和影响，至少可以确保避免一些常识性错误，从而给你的面试加分。

【客户服务】

超级客服的说话技巧

文／徐怡琳

性格色彩认证咨询师、前DHL中国区绩效改进及首选战略总经理

物流行业，说到底是服务性行业。十个客服里，至少有八个会告诉你：“客服难做。”因为来找客服的，多数都是因为有事，而且，通常都没好事。

你可能遇到过这种客户：他很健谈，一通五分钟的电话，他有四分钟在和你聊星座、天气和旅游。剩下一分钟想起来要谈正事。刚挂电话，他又打过来，说还有个正事忘了说……

你也可能见过这样的客户：你昨天说的话，上周写的邮件，上上周提过的某个信息，他都像计算机归档备份一样清楚，逻辑清晰、思维缜密。你欣赏他的细心，同时在他面前不敢信口开河、随便糊弄。

还有这样的客户：无事不登三宝殿，直接切入正题，不讲一句废话，有时你这边言未尽，他那边已挂断。

你最喜欢的，一定是这样的客户：长年累月的生意，难免不出岔子。但他绝不跟你着急上火翻旧账，借机找碴闹情绪，只要你好言好语，他也随和大度，一笑泯恩仇。

客服之所以难做，就在于客户形形色色。有些为解决事情而来，有些为发泄情绪而来。你要有阿庆嫂的本事，应付得周全得体，大事化小、小事化了，甚至转“危”为“机”，那就是超级客服了！

将性格色彩应用于客服工作，针对每种性格的客户，如前文描述的红色、蓝色、黄色、绿色，客服的工作技巧各有不同。

称兄道弟的红色性格客户

如果是红色客户，事情大概会是这样的。

红色客户Anthony：“Michael吗？我呀，Anthony。兄弟，你们最近怎么搞的？连着三个星期每周都有航班延误啊，你们每次的改正方案都改正到百慕大去啦？而且也没人通知我啊，搞得我在老板面前很难做你知道吗？你们再这么不太平，以后我也帮不了你们！”

红色客户的沟通特点：以发泄情绪为主，诉求不明确；沟通方式情绪化、私人化，时常用夸张的语气和修辞。

客服应对要点：充分聆听、理解情绪、引导方向。

Michael是这么回答的：“是，是，对不住兄弟，给你添麻烦了！多谢你一直罩着！你看现在怎么弄比较好？我写个解释道歉的情况说明邮件给你并抄送你们老板？……后续我亲自盯，保证你的单子盯得最紧！”

看起来Michael和Anthony平日里称兄道弟多少还是有点用的，关键时刻还得靠兄弟关系拉一把。

和红色客户相处，最关键的一条就是先建立朋友般的关系，再谈事情。用开放、积极的心态和红色相处，投其所好，创造共同话题，是对红色客户屡试不爽的法宝。

如果这个客户恰巧是你讨厌的类型，怎么办？一定要抱着开放的心态，努力寻找他的闪光点和值得你学习的地方，千万不要让厌恶的情绪影响你。你会发现，当你用开放的态度面对他们时，厌恶情绪就会减少很多。

看重信用的蓝色性格客户

如果面对的是蓝色客户，称兄道弟是要惹麻烦的，拉近关系对蓝色而言，就应了那句“无事献殷勤，非奸即盗”。

蓝色客户Eric的电话是这样的。

“你好，Michael，我是Eric。昨天应该飞的货都飞掉了吗？……飞掉了？我刚才查航空公司网站，有一个主单没有起飞信息显示，你从哪里查到的都飞掉了？……你现在查？那我电话不挂，在线等你。这票没飞？为什么？这是这个月第三次发生了，这个问题为什么仍然没有有效解决？我们在SOP里要求过，出现延误你们必须在24小时内主动通知，但这三票没有一票得到你们的主动通知，这个月的KPI我会按标准扣分。如果这个趋势继续发展下去，你们合同上的服务承诺就很值得怀疑。我希望你们慎重对待。至于这票没有及时飞掉的货，我需要你们安排最快的航班出去，中午12点之前可以给我确认吗？至于没有及时飞掉的原因以及你们的行动改正方案，我等你的邮件。什么时候可以发给我？”

蓝色客户的沟通特点：逻辑缜密，丝丝入扣，令人难辞其咎。蓝色客观、理性、冷静，不轻易下结论。当蓝色认定有问题时，要改变其想法需要更久的考验，保持良好的信用尤其重要。

客服应对要点：端正态度，实事求是。其实，真没什么好解释的，赶紧确认最快的航班，调查原因并确保以后不再出错吧。写书面道歉，规规矩矩提供补救方案，有需要的话，再当面拜访，坦诚相待，挽回信誉。如果后续再有问题，恐怕真要丢生意喽！

如果你事先就了解蓝色客户的特点，就可以事前做准备。

这个电话可以这么回。

“Eric你好，嗯，我刚查过，正在给你写邮件，你可能也查到了，很抱歉有一票货昨天没飞掉。航空公司那边我十分钟前打去过电话，目前能确定的是，这票报关和安检都没有问题，货也没有问题，最大可能是飞机配载的原因或者重量不平衡，航空公司半小时内会给一个准确信息。发生这种状况真是抱歉，目前在改配下一个航班，最快的是今天晚上的，我务必把这票配上。在我们这里耽误的一天，我会让目的港同事那边走快速通道，尽量赶回来，把对你们的影响降到最低……”

不解决问题不罢休的黄色性格客户

黄色客户也许是最不好惹的，言简意赅，但事难办。

黄色客户Alex："Michael，我Alex，昨天那票进口货现在什么情况？还不知道？国外不回你邮件？我不要听这些解释，你打算怎么办？没有好办法？哼，你搞不定是吧，把你们老板电话给我。"

黄色客户的沟通特点：直截了当解决事情，绝不拖延。如果他认定你没能力解决，会直接找你老板，以致老板对你的能力提出质疑。此外，黄色最痛恨逃避和推托责任，他会穷追猛打，把你逼到墙角，非要你低头不可。

客服应对要点：主动承认错误，承担责任，不过多解释，积极采取行动解决，并表示感恩。

客服Michael可以这么回答："那票货我已经写邮件给始发港的操作部经理了，跟他们强调了这是很急、很重要的货。他们和你们的供应商还在沟通，目前没有答复。考虑到时差，如果今天下班前再收不到回复的话，我晚上给他们打电话。麻烦您这边帮忙跟你们的供应商也说一下……是，您说的是，我应该主动打给您报告进展的。嗯，今晚无论如何我都要拿到答复，到时候写邮件给您。谢谢您理解！"

当然，可能你平素被黄色客户欺压惯了，偶尔一单发现是黄色客户那边出的问题，千万不要以为逮到机会可以翻身让黄色客户难堪，这样你会死得很惨。

如果客服Michael幸灾乐祸地说："Alex，我查过了，这次可不是我们的问题，你们国外供应商也太不给力了，提供的箱单发票和货是不符的，结果报关出了问题，要重新报，一时半会儿这货都出不来喽。"

这么一番话，绝对会激发黄色的怒火，他的反应大概会是这样的。

黄色客户Alex："Michael，你们是物流公司，物流专家，我们找你们提供物流服务不就是要你们解决问题的吗？货单不符，你们内部不看的吗？直接就送去报关了？现在要重新报，什么叫一时半会儿出不来？是两小时，还是半天，还是一天？这票是急货，这个延误你们怎么把时间在后段赶回来！你今天什么时间能给我答复？另外，以后怎么避免货单不符就送去报关，下周你准备个方案给我！"

这一通电话，高压的气场，层层深入的理性批判，顿时让你觉得好像客户没有错，全是自己的问题了。喊冤不成，你在客户那里的评分也大打折扣，为下次合作埋下了阴影。

其实黄色不是不知道他们的供应商有问题，回去之后他也同样不会放过供应商。而于你，最合适、最双赢的态度是：实事求是，不带情绪，适当给黄色一个台阶下。黄色嘴上不说，但会麻利地回去把他的烂摊子收拾掉，和你继续有默契地合作下去。

人见人爱的绿色性格客户

最不会找麻烦的是绿色客户，Angel。

“Michael，你好，我是Angel。我收到海外邮件说有票货还没到，有点不正常，你帮我看看……呃，你也不知道啊……货有点急的，那怎么办呀？……哦，好的，那我等你消息。”

绿色客户的沟通特点：温柔随和、包容大度、有耐心，但时常不好意思提要求。

客服应对要点：引导他们说出需求，比如说出截止时间，让客服明确该怎么满足他们。

也正是因为绿色客户的好脾气和好说话，他们的问题往往会被拖延解决。“会哭的孩子有奶吃”，优先权往往被那些强势的客户抢去了。如果Angel的老板因为等不下去而直接杀过来时，就比较麻烦了……

物流行业的服务问题其实也就那么几类：货品缺损了、物流延误了、发错了货等。但碰上不同的客户，能演绎出截然不同的剧情，红色客户是情感片，蓝色客户是侦探片，黄色客户是权谋片，绿色客户是音乐片。

性格色彩能帮助大家掌握不同剧情背后的规律，更有效地减少摩擦，提高沟通效率，达成更良好的客户关系。

【职业规划】

做自己的千里马

文／郑展望

性格色彩认证演讲师、雅瑞公司（法国依视路集团）副总裁

因为工作关系，我常给职业经理人做职业规划方面的咨询，遇到的问题各式各样，比如，我的发展遇到了瓶颈，在过去3～5年里没有进步，该怎么寻求突破。我不喜欢自己的职业，该如何改变或者转型？如何挑选合适的下属？如何更好地挖掘下属的潜能……

问题形形色色，概括起来只有两类：一类有关自己的职业发展；另一类是如何用好下属，实现“人”这个资产的价值最大化。

在我看来，职业规划中最关键的是，认识和发现自己性格特点的重要性，尤其是其对职业规划的重要性。在这方面，有很多专业的测评工具可供参考。在学习了性格色彩之后，我发现性格色彩这套工具在操作便捷性和准确性上有很大优势。

便捷性在于性格色彩将人分为四类——红、蓝、黄、绿，简单又形象，

他们分别追求快乐、完美、成就、稳定。每类性格都有自己的优势，也有其局限性。

准确性高是因为性格色彩研究的就是先天的性格和后天修炼出来的个性之间的关系。

下面我就用性格色彩来解析几个和职业规划相关的案例。

有实力时，把自己的价值最大化

我在日本那霸曾看过一支铜管乐队在广场上的演出，4把萨克斯，4把小号，1把长号，2把吉他，再加鼓和键盘，总共13个人。在演出时我注意到乐队前有一个矮个子女生手里没有乐器，只是在那里闻乐起舞，间或在两支乐曲的停顿间隙向周围游客介绍这支乐队和演奏曲目。这个女生既没有很高的颜值，舞蹈水平也是差强人意。

我很好奇，在演出间隙跟乐队成员聊了起来。这支乐队是琉球大学的业余管乐队，常常在市场前的小广场为游客义务演出。这个矮个子女生是他们的领队，负责为乐队安排演出场地、演出预告等所有事务性工作，同时也是乐队的“解说员”。简单地说，这个女生尽管不会任何管乐，却成功扮演起了整个乐队的“领导”角色，而且整个乐队“心甘情愿”地被她领导。

最终我找到机会跟这个女生搭讪，她是琉球大学的三年级学生，参加了好几个学生俱乐部，这支铜管乐队就是她发起组建的。她自己不会铜管但是喜欢爵士乐，她非常喜欢为这个乐队做各种支持工作，除了联系演出场地外，更具挑战性的是筹集经费用于添置乐器设备，以及外出旅行演出等事务。

这个女生就是一个积极快乐、喜欢社交、善于调动气氛、富有感染力的红色的领导，尽管她不会任何管乐，但是整个团队却心甘情愿地臣服于她，听从她的领导。这有点像国外的剧院经理，可以不会表演，但重要的是要懂得剧院的管理。她将自己乐于助人、善于沟通的优势发挥得淋漓尽致。很多职场人士在面临一些晋升机会时，担心自己的专业不够强，无法胜任领导职位，事实上，一个好将军不见得枪法好，正确认识自己的性格特质，将优势最大化地发挥才是对自己和企业的双赢。

求职时，找准自己的定位

当Lydia考取东华大学拉萨尔国际设计学院的时候一定不曾想到，她如今的职业跟她当初选择的方向已经完全不同了。

Lydia从小喜欢画画，她可以高仿真地临摹一张喜欢的明信片或图画。因为具有这样的天赋，尽管高中毕业时数理成绩名列前茅，她还是义无反顾地选择了与画画相关的时装设计专业。大学时，很多课程她都能拿A或者A+，特别是艺术史、古代服装史、服装结构与构成、纺织面料、色彩理论学这些专业课程。在服装营销这类偏商务理论的课程中，她也表现出了相当出色的分析归纳能力。

但是在毕业季准备设计作品的时候，她感觉到了前所未有的压力。她殚精竭虑设计出来的东西还没给导师看就被自己否定掉了，眼看着毕业日期将至，她整日苦苦修改，非常焦虑。给她打击最大的是，那些平时看起来吊儿郎当、理论课常常不及格的同学，居然毫不费劲地做出了自己的毕业设计，而且还入围了本届最佳毕业作品奖。最终，因为毕业设计在成绩上的权重比较高，平时成绩很优秀的Lydia发现自己的毕业总分跟那些“差生”相差无几。

在接下来的几年求职经验中，她尝试过各种跟设计有关的工作，品牌内衣设计、产品包装设计、路演道具设计等，Lydia很沮丧地发现自己在创作上是没有多少天赋的，但是她有着别人没有的特质：对理论和数据的痴迷。她可以毫不费劲地复述出各种重要的历史事件和设计理论，而且对数据有着超乎寻常的敏感。

经历数次职业挫折以后，Lydia最终没有选择做设计师，而是选定了一个属于市场营销范畴的工作：MIS市场信息系统。每天她会处理大量公司系统导出的或者从第三方公司购买的零售终端数据、竞品动态数据，或其他行业动态数据，然后整理成MIS管理报告。Lydia在这个工作岗位上一干就是五年，最后成为一个总监级的“大咖”，而且她认定了这就是最适合自己的职业发展方向。

尽管Lydia之前并没有接触过性格色彩，但是她对自己性格的认知最终帮助她成功转型。**她具备蓝色的大部分特征：自律、理性、情绪稳定、善于分析、考虑问题周全，而且注重规则，迷恋细节。**而通常从事艺术设计需要具备的红色特征，譬如异想天开、激情澎湃、标新立异甚至无厘头的搞怪，则在她身上很难找到。所以，最终她选择从事的工作对她是最适合的。

做领导时，读懂下属的优势

某著名照明设备公司的区域售后服务主任林杰临时被委派和总经理一起去济南出差，参加零售商会议。这是林杰第一次跟老板出差，他们从机场到酒店，一路上也没有太多交流。

从济南回来后，总经理从人事经理那儿了解到林杰的背景：机电维修中专毕业，加入公司5年了，两年前从20级升到30级。总经理告诉人事经理："这个林杰在销售方面的才干没有被发现，原因有三：第一，我一路上听到他给服务网点打电话处理棘手的突发事件时，他冷静沉稳而且有很强的谈判能力；第二，他在台上发言只用了6张PPT，但是表述非常清晰，传达的信息非常明确，比我们很多经理都要强；第三，我听说他是晚上10：30接到通知的，PPT是他连夜赶出来的，这说明他有着极强的行动力和在压力下高效工作的能力。"

第三天下午，总经理找到林杰，让他考虑是不是尝试改做销售。他和林杰分享了自己的职业发展经历和前一天对他的观察，并对林杰的职业发展提出了建议，林杰答应考虑几天。

两星期后，林杰转岗到北京分办负责重点客户销售，一年后晋升为北京分办经理，此后连续4年被评为公司最优秀办事处经理，他所负责的业务每年稳定增长20%的销售额，并为全公司贡献了28%的净利润。现在林杰是一家私营企业的创办人，年营业额数亿，正在准备商业计划书，启动了从风投到IPO的旅程。

林杰被总经理观察到的行为里包含了高效行动、抗压力强、敢于挑战和逻辑清晰等黄色和蓝色的主导特质。作为一个经理人，总经理很好地扮演了自己的角色：一个伯乐。他清楚地看到了林杰身上的这些黄色特质可以为他的职业发展打开通往另一片世界的大门。

有阅历时，做聪明的跳槽者

在广州开完华南区月度会议的那天晚上，整个团队来到常去的酒吧，这是老板王勇喜欢的地方。酒吧外的一片草地，露天的桌椅，半殖民地风情的建筑群……珠江的小风轻轻吹着，同事们很放松地喝酒闲聊。

深圳办事处经理李铭端着一杯酒走到上司王勇的桌子边："老板，先敬你一杯，感谢你在过去五年里对我的提携和指导。过去这五年，我学到了很多，特别是在管理团队方面……"

"李铭，你有什么话就直说吧。"王勇打断了他，他很快就猜到李铭想说什么。

"唔，是这样，我在公司做了五年，前面几年觉得自己在快速学习，进步很大，但是过去两年我自己觉得慢了下来，很难突破自己。正好最近有一家猎头公司找到我。我有些犹豫要不要换个环境，身边的朋友和家人都劝我要试一试，我想那就试试吧……"最后李铭告诉王勇，他想进入一家著名的手机公司，担任地区经理，负责两个省的销售。

"那挺好啊。"王勇说完这话沉默了两分钟。他把李铭在过去五年中的一些重要事件飞快地在脑子里过了一遍，首先想到的是那次深圳办的客户经理违反公司政策，公司本可以令其卷铺盖走人，不赔一分钱，但是李铭不想做得太绝情，跟人事反复求情，最后多给了该经理一个半月的工资；其次又想到了一年前在月度例会上李铭投诉广州经销商窜货，当广州办经理气势汹汹地反驳的时候，李铭却退缩了，不再坚持按照公司政策提出惩罚那个窜货的经销商。在王勇看来，李铭是一个好的团队领袖，他尊重同事和客户，行事沉着稳定，擅长营造一个和谐的工作环境，但是他不愿面对冲突，常常会逃避冲突，是一个典型的和平主义者。

“如果你要问我的意见，我觉得手机市场已经高度饱和，竞争异常激烈，你可能每天要面对各种冲突，包括内部的和外部的，不知道你有没有准备好？如果你主意已定，我会支持你去尝试的。但是作为朋友，我想告诉你，你不适合去这个行业。”

一个星期以后，李铭还是做出了辞职的决定。

大半年后，王勇听李铭的一个朋友提起李铭已经从新公司辞职了，原因是他在那家公司里很不适应，感到压力重重。上司的压力、下属的挑战、其他部门的扯皮、同行的激烈竞争、客户的投诉，都让李铭无法适应那样的工作氛围。对王勇来讲这个消息没让他觉得太过意外，他已经预感到了李铭的个性和那家公司充满冲突与挑战的文化的不匹配。

王勇对李铭的认知是对的，李铭是一个中庸低调、不喜冲突的经理，是一个典型的以绿色为主基调的人。他不善于决策，却愿意聆听别人的意见，是很好的团队稳定剂，让他去一个竞争白热化的行业，面对一群如狼似虎的同事，他是很难存活的。他个性里面的和谐、包容、体谅他人对他在新环境里的存活帮助不大，还很可能适得其反。

一个以绿色为性格主基调的经理人，如果选择了销售管理这样挑战意志力和抗压力的职业，那么在决定这个重大职业改变时，应充分了解目标公司的环境跟自己的性格是不是适配。要知道以绿色为主的人，即使被放入到一个战火纷飞的险恶环境里，也不会变得咄咄逼人、具有侵略性的。

总的来说，在职业发展的漫漫征途中，作为员工个体，要全面了解自己的性格特质，在机会成本还不是很高的时候及时转型，找到最适合自己的工作岗位，发挥自己的优势，避开局限性；作为主管，要通过对下属行为的观察和对动机的理解，全面了解员工的性格以及他的优势和局限性，把人这个资产的价值最大化，这对企业、对个人是一种双赢。

【管理艺术】

说服高管有妙招

文 / 古月

资深色友、管理咨询顾问

企业中的高管，一般是职位高、阅历丰富、业务能力极强的“人精”，是企业中非常重要的人力资源。把他们用好，是打败竞争对手的尖端武器；用不好，就会后院起火，破坏力也很大。他们通常都有着较强的自我管理能力，同时也会有各自的短板，要搞定他们并非易事。

我在企业领导顾问这个领域工作多年，发现来咨询的客户无论处于什么行业、自身是什么背景，都有相似的管理模式，总结来说就是：己所欲，施于人。意思就是用适合自己的方式去对待别人，影响别人，但效果因人而异，碰钉子的不在少数。

自从深入研究性格色彩后，我发现解决问题的出路恰在因人而异上，要根据对方的性格选择适合的方式与其沟通，也就是性格色彩的“钻石法则”。性格色彩将人的性格大体上分为四类：红、蓝、黄、绿。每种性格都有其优势，也不可避免地有其局限性。在企业高管中，无欲无求的绿色相对较少，除非是家族企业的传承，乐天知命的他们缺乏披荆斩棘向上晋升的动力。

我们今天就来比较一下这两种不同的管理方式在红、蓝、黄三种性格的高管中的应用。

红色性格：赞之以辞

红色热情、乐观、高调，他们是聚光灯下舞台中央的人物，他们追求快乐，享受赞美，喜欢与人共同完成工作。同时，他们的情绪容易波动起伏，做事坚持度不够，遇到挫折容易放弃，也容易受到别人的影响。这样的高管要如何来管理呢？

红色性格案例背景

一次，某企业总裁老K和我讨论项目进度时，谈到内部的管理问题。他有个销售总监小T，销售业绩非常好，平时的工作积极性高，意愿也很强。由于工作能力强，经常有机会在董事会议上做一些关于销售业绩和销售策略的汇报。小T的表达能力很强，但要命的是，他的PPT做得很烂。老K是个要求很高、严谨细致的老板，性格中蓝色特质比较多，听报告时会关注PPT上的文字和数据内容。几次之后，老板觉得小T做PPT的能力必须提高，因为他是销售总监，在给客户做产品演示的时候，好的PPT是提升公司形象的重要因素。

对待红色性格的常见做法

老K和小T正式谈过多次，告诉他好的PPT是多么重要，虽然现在他的销售业绩做得不错，但长此以往客户会减少对他甚至对公司的信任度，所以建议他去学习如何做好PPT。如此苦口婆心很多次，小T也满心接受，表示一定要好好学习PPT，但总是因为业务繁忙或这样那样的应酬，把PPT放在一边。老K知道这都是借口，但百思不得其解，为什么小T就不愿意学习一下呢？

红色性格解析

我和老K探讨了一下，小T是红色的，他喜欢和人打交道，内心希望得到别人的认同和认可，这是可以激励他的主要动力。**红色内心更希望在自己擅长的事情上花时间以获得更多的认可，对于自己不擅长的，能拖则拖。**老K听后很受启发，说回去想想要如何推动他。

一个月后，我们再次见面，老K很高兴地告诉我小T现在做PPT的能力大大提升，几乎可以算半专业的水准了。我问他是怎么做到的，他说就是“赞之以辞”！

对待红色性格的钻石法则

上次和我聊完后，老K确定了方向，要通过别人的认同来激发小T学习的意愿。他找到小T说：“小T，我们公司现在普遍做PPT的能力不够，我发现虽然你的PPT也有待提高，不过你还是比大部分人做得好。我想这样，在下周五下午的3点半到4点半，你给大家讲一讲要如何做PPT才能更吸引人，让大家一起学习一下。你看好不好？”小

T推托一番，老K果断坚持，就这么定了。小T回去之后，为了做好这次分享拼命自学，到下一周侃侃而谈。同事们羡慕不已，又问了很多问题，比如动画效果要怎么做，视频要怎么切入。小T当时还没有学到，也不知道，他就回答说回去研究一下再告诉大家。老K抓住机会，马上宣布下周同一时间继续让小T再给大家上课。如此反复，一个月下来，小T给大家分享了4次如何做好PPT，而且每次的内容都是更进一步的进阶内容。4次下来，小T的PPT制作能力大大提高。

老K苦口婆心多次劝说小T学习，从原因到后果，一二三四，这是适合蓝色的沟通方式，对小T推动的效果不大。调整变成红色喜欢的“赞之以辞”，让小T在众人面前获得认同和赞赏，以此推动小T学习，这是对红色的钻石法则，效果显而易见。

蓝色性格：晓之以理，动之以情

蓝色严谨、沉稳、低调，他们注重安全感，追求完美，坚持度高，对人对事敏感细腻。同时，他们保守多疑，变通性和开拓性不高。这样的高管要如何来管理呢？

蓝色性格案例背景

女王是我众多客户中雷厉风行金领女强人的典范，在外企打拼多年，底下管理的员工各种肤色都有。之所以叫她女王，是因为她的英文名是Queen，再加上她的强势风范，一来二去大家就干脆叫她女王。如同她的名字有着王者霸气一样，女王的性格有非常明显的黄色特质。

我和女王合作多年，和她的管理层都建立了不少的信任。有一次我们合作一个项目，除了我们双方之外，还有一个第三方，三方共同策划举办一个大型活动，我作为咨询顾问提供策划及中间环节的评估审核，以确保活动顺利完成。女王手下有个来自德国的项目总监斯蒂芬，蓝色，他一直不太认同这个项目，认为这个项目耗费了公司大量的人力和资源，从投入产出比来说，并未给公司带来更多的收益。

对待蓝色性格的常见做法

斯蒂芬做了详细的分析，一直试图说服女王停止这个项目。女王只回答说："这是我已经决定了的事情，对公司肯定是有益的，必须做。"斯蒂芬在整个过程中，虽然没有再多说什么，但只要出现一些状况，他就会跟女王沟通：你看做这件事就会有这个结果。女王对此非常不满，既然已经做了，那么遇到问题就应该想办法解决。为此，他们之间几次发生争执和冲突。

蓝色性格解析

这个活动中，我和斯蒂芬却一直配合默契，而且斯蒂芬全力支持，甚至帮我渡过几次危机。女王惊讶我是如何办到的，可以和这样一个她认为很难搞的人合作愉快。我告诉她，蓝色对事对人都是非常敏感的，他们不像黄色更偏重事情而忽略人际，也不像红色更偏重人际而忽视事情，他们在情、理两方面都非常在意。所谓"晓之以理，动之以情"，就是既要讨论事情的结果和过程，也要建立和他的信任与默契。

对待蓝色性格的钻石法则

我在和斯蒂芬合作的过程中，非常注意倾听他的想法，帮他一起分析利弊。虽然我不是蓝色，但在和他的相处中，我尽量做到比蓝更蓝，于情合，于理合，因此和他建立了非常稳固的合作关系。女王在我的建议下，不再以直接否定和强压的方式与斯蒂芬沟通，就斯蒂芬提出的分析结果和他做了直接的探讨，对可能出现的后果的预案做了评估。此后，斯蒂芬就这一项目再无异议。

由此可见，以女王之前比较黄色的方式来管理蓝色员工，难度很大，即便事情可以推进，两人的沟通成本增加，不信任感增加，对企业来说都不是好事。相反，我用了钻石法则的方式，就能更好地建立起和蓝色沟通与合作的桥梁。

黄色性格：诱之以利

黄色目标明确，关注结果，追求高效和速度，有强劲的自我驱动力和抗压性，越有挑战的事情越能激发他们的斗志，他们就是一个战斗者，从不服输。不过黄色对人不敏感，容易让人觉得他们专制强势不近人情，很难改变和推动。这种类型的高管是非常不好管的。

黄色性格案例背景

客户凯瑟琳是个大红色的美国华裔，到国内自己创业，一手建起公司，五年后发展稳定，规模迅速扩大。她手下有个大黄色的市场总监，平常表现很出色，可是凯瑟琳总觉得他很难管，有时甚至有点怕他，觉得这个市场总监没把自己当回事，不够尊重她。

对待黄色性格的常见做法

比如黄总监负责的某个项目，他们在与合作方签订的项目合同中主要负责所有供应商的评估筛选和组织安排，其他部分由合作方负责。项目的所有供应商是黄总监负责找到的，在项目进行的过程中，凯瑟琳觉得合作方设计的宣传资料不够时尚大方，也不符合自己的要求，就找来自己的设计师重新设计。设计师设计的过程中有些关于供应商的信息需要黄总监提供，凯瑟琳亲自问了很多次，黄总监回答说这个设计不是我们负责的，我们不需要参与。之后要么不接电话要么迟迟不给。凯瑟琳觉得我老板问你要点东西怎么就那么难呢。

黄色性格解析

凯瑟琳于是找到我，让我做黄总监的一对一辅导教练。在辅导的过程中我了解到，黄总监觉得：设计这件事情本来就不是自己公司的责任，凯瑟琳作为老板重要的事情不做，不去关心与合作伙伴的利益分配是否合理，而去管那些完全不需要自己插手的事情，觉得老板做事没有思路，目标不明确。

对待黄色性格的钻石法则

我直截了当地告诉黄总监："如果设计不好，这个项目的招商就可能不好，到时候项目卖不出去，合作方和我们分配的利益就少。你的供应商选择得再好，公司没有收益，你的业绩也会受到影响。你自己考虑一下，老板的想法是不是有道理。"黄总监点点头说："为什么老板当时不直接告诉我呢？"

所以，如果要推动黄色，需要直截了当告诉他利弊，让他自己判断。所谓的"诱之以利"的"利"，是指收益结果，以及对他来说有什么好处，他们很快就会以此做出判断。在管理中，需要非常清晰地给予黄色每个阶段的量化目标和要求标准，过程不必太过细究，当发生问题的时候，直接讨论如何解决而不是讨论问题发生的原因。这些目标的达成和问题的解决对于黄色来说，都是能感受自己更强大和有能力的"利"。

凯瑟琳从红色的角度认为已经告知黄总监设计难看，黄总监就应该执行，殊不知没有目标感的理由在黄色看来根本就不是理由，而找到黄色最直接的突破口——业绩会受到影响，结果就大不一样。

这套方法不仅对高管适用，对其他职位的员工也同样适用。在一个企业当中，会有红蓝黄绿不同性格的统帅、将领和士兵，组合成一支色彩缤纷的战队，就好像身体的各个组成部分协同作战。用适合对方性格的方式进行管理和沟通，才能将每一个人的潜力和智慧最大程度地激发出来。如同当身体的每个部分将各自的协调性、平衡性、柔韧性、力量和爆发力全部发挥出来时，高绩效的团队就诞生了！

第三篇 3

情感篇

【爱情】

屌丝男怎样才能成功诱惑不同性格的女神

文／蒋佳琦

超级演说家第二季全国四强

打开电视，相亲交友类节目如火如荼，盖因单身的话题还是很有需求的。我身边有不少优秀的男孩，只因为不懂女孩心事，眼睁睁看着各方面似乎不如自己的对手抱得美人归。还有些人已经有了女友，但交流时不在一个频道，最后依然一拍两散。对于女孩来说，希望有个懂自己的伴侣，看清自己的需求，或者让对方能更好地了解自己的需求，对幸福至关重要。

如何打开女神爱的心门？在和人性有关的方面，性格色彩提供了说明书一样的指导，将女神分为红、蓝、黄、绿四类，请按图索骥。

蓝色性格女神难度指数5颗星，黄色性格女神难度指数4颗星，红色性格女神难度指数3颗星，绿色性格女神难度指数2颗星。

缺乏安全感的蓝色性格女神

蓝色性格女神难度指数★★★★★

蓝色的女神，情感丰富却不善表达，追求默契的她们，心思最难猜。逻辑比你清楚，观察力比你敏锐，考虑问题比你周到，这让男生怎么办？

蓝色性格女神案例详情

我的好友小缪是大学时认识的同院学妹，重庆人，毕业后留在南京的苏宁总部做总监助理。据说总监最喜欢的就是小缪，因为她办事细心，考虑周全，出差需要什么文件和资料，立刻跟机器猫的四维空间袋一样想什么来什么，所有可能出现的状况几乎都能未卜先知。总监助理轮流转，但自从小缪接手后就没再换，现如今，小缪在这个位置上已经坐了三年了。小缪人很漂亮，一头长发，一双大眼睛，如周冬雨般乖巧的模样，可是在我的印象中，她自上大学到现在并未谈恋爱，或者她谈过的恋爱可能实在是低调到无人知晓。

去年11月我在南京，毕业4年后终与其再次小聚，当时我已入门性格色彩，基于我对她的了解，判定她为蓝色并做了一大段的分析。席间小缪间或沉默，眼神微微闪动。饭后我们细聊，在我的一个个提问下，小缪带着凝重的心情缓缓道来……以下文字是我的总结：

我对这个世界始终充满不安全感，因此，我会用大量的时间去为不安全因素的出现未雨绸缪。我已经习惯这样的状态了，忙完后就觉得很舒心。

追我的男孩子不少，从大学到单位，也不乏多金的富家少爷和长得干净帅气的男生，但是他们并不了解我。他们跑到单位送我玫瑰花，约我吃饭，请我去看画展，可是玫瑰花让我觉得张扬，吃饭却是明显讨好我，相比画展其实我更愿意在家里看书。那些浮华的东西对我来说都只是暂时的，我知道它们有一天都会消失。我曾给过他们机会，但他们似乎没有察觉，或者没有坚持，短时间内就转移至下一个目标了。他们跟玫瑰花和美食一样都是暂时的，都会消失。

我要什么样的伴侣？一有心人足矣。可以是我病了放好的药片，可以是快放假的时候快递到的新书，可以是对面小吃店的重庆小面，那是我老家的味道……但是那个懂我的人还没有出现。

蓝色性格女神暴露痕迹

朋友圈极少看到她们的动态与分享；对自己的生活与工作都规划得井井有条；和别人探讨事情的时候表现得冷静又有条理，爱追根问底；不爱抛头露面，平时少言寡语，略安静，似小龙女般清幽。

蓝色性格女神性格特点

注重细节，心思细腻，成熟稳重，注重承诺，有些悲观，敏感多疑，要求苛刻。

蓝色性格女神攻略技巧

其实从我朋友小缪的分享可以看得出来，她也是有丰富的情感需求的，只是那些男生做错了以下几点：一、给的东西不对；二、给东西的方式不对；三、但是没有坚持下去。如果把三者合在一起，就是同一个理由：洞察力不够，完全不了解对方及其需求。

蓝色的女神比较麻烦，因为蓝色是最具防御性的生命体，很难做到放松，可能你还没过去搭讪，她就在发现你走过来的时候躲开了，然后一些愣头青男生见到此番情景，就开始用高调的方式轰炸任何她躲着的角落，结果适得其反，蓝色的姑娘被你们炸跑了，跑到了更高级的防空洞里。

所以，如果想跟蓝色女神搭讪，首先要确保她心理上的安全感。

比如在搭讪的场合有她信任的朋友在场做个临时的中间人，效果就会很好，就好像如果由我去做中间人联系小缪，她对我带来的这个人自然也就会放心不少，当然，人不要太多，加上中间人就三个人最好。当建立了一定的安全感后，就要学着慢慢走进蓝色女神的内心。

认识之后就是表现了，**蓝色女神很在意细节，如果要打动她们，必杀技就是要比她们更在意细节！**

比如安排一次旅行，“说走就走的旅行”是最错误的方式。从整体的时间、预算、交通方式，到具体的景点和食宿安排，给出几个选择，不同选择优劣势的对比及理由，对可能发生的意外状况的预案……虽然我深刻地知道这样对某些人来说很麻烦很痛苦，而且在你眼中可能显得毫无必要，但既然那个女神是你希望共度一生的人，这点苦又算得了什么呢？更何况蓝色的女孩子在所有方面都能做到细致周到、无微不至，你就偷着乐吧。

接下来就是培养洞察力了，在《再次出发之纽约遇到你》这部电影里，女主角竟然可以从男朋友创作的一首流行歌曲中，听出男朋友出轨的事实，这种洞察力与读心术不得不令人佩服。**蓝色女神的观察能力极强，从细节中就会了**

解很多信息，她们不喜也不善表露自己的心思，但你若能懂，必定加分。

所以在和蓝色女神接触的过程中，要多察言观色，她流汗了你就开空调，她说话沙哑你就给她递水，从她点过的菜中你能归纳她的口味，从她买过的东西中你能了解她的喜好，这些小细节会让她对你格外欣赏。当然，如果人家在生理期，你还好心给人家点冷饮降温，那你就是真的蠢了。

如果做到以上几点，最后就是坚持了。蓝色非常介意不守承诺，哪怕此男颜值爆表、家财万贯也无济于事。你觉得杨过如果不单身16年，而是在外游山玩水还勾搭郭襄，小龙女16年后还会认准他吗？

需要强者的黄色性格女神

黄色性格女神难度指数★★★★

黄色的女神，欣赏强者，鄙视弱者。她们目标比你清晰，判断比你理性，决策比你果断，自信满满。内心稍不强大的追求者，自己就抗不住了。之所以比蓝色难度指数略低，是因为她们会直截了当地表达自己的需求，然而了解她们的需求很容易，但满足起来就没那么简单喽。

黄色性格女神案例详情

我前女友的性格中有很多黄色特质，当然，这是我在分手后学了性格色彩才知道的。

彼时还在读大学，前女友W和我闹分手，我在她宿舍楼下做了人生中极度疯狂的一件事：999朵玫瑰加500余盏蜡烛，浪漫的音乐还有好友的呐喊。身边众人围观，我只为让她回心转意。那个时候我一个月的伙食费只有几百块钱，这一次的开销让我搭进去近半年的钱，当然这些钱都是我从父母那里坑蒙拐骗来的。

之所以这么重视，是因为她是我第一个正式带去见我父母，说我要跟她谈恋爱的女孩，对我来说意义重大。只可惜老天似乎和我开了个玩笑，在喊了几分钟后开始下雨，而且下的是那种“打伞吧，觉得没必要，不打伞吧，好像淋得慌”的雨。后来雨水浇灭了所有蜡烛，W也没有下来。

后来，每当想起这件事情我便怨恨她，觉得她当时实在是冷酷无情，让我这样一个在学校里的小名人，当着那么多人的面出丑。后来学了性格色彩我才知道，W是黄色，当她看到我在楼下用这种方式唤她回头，她的想法是：一、你在用这种方式逼我，那我就不下去，下去就证明我认输了；二、你一个大老爷们儿居然在下面哭，那么懦弱，我喜欢强者，不喜欢弱者；三、你现在这么情绪化，根本不理性，我怎么能跟你理性地交流呢？

去年年末，我和她在北京碰面，提及此事，我说我以前不懂你，用了错误的方式对待你，非常抱歉。她笑了，说了一句我终生难忘的话：“如果当初你不采用那种方式，而是什么都不做的话，几天后我自然会回来找你了，指不定我们现在已经结婚了。”

黄色性格女神暴露痕迹

朋友圈的分享很少涉及私生活，多为工作与重大新闻；评论犀利，抓重点能力强；走路快，风风火火；静下来享受生活很难，好像始终都在忙；别人有错误直接指出；在工作和生活中抓大放小，对重要的事情特别在意细节，但小事上毫不在乎；对亲近的人批判和改造欲显得很强烈。

黄色性格女神性格特点

目标导向，高度理性，有主见，抗压力强，自以为是，控制欲强，改造欲强。

黄色性格女神攻略技巧

虽然黄色的女孩子会显得特别“高冷”，也有很多人妖魔化黄色的女神，觉得她们没有感情触动，总是用最直接的方式去处理事情，但她们并不是一个拥有冷酷的心的人，只是在她们看来，高度情绪化是没有用的，解决问题才是最关键的。她们的动机是好的，采用的手段很直接，只是感性的男生无法理解她们。

倘若是追求黄色的女神，不必像追求蓝色的女神那样复杂，只要记住一点即可：做一个有执行力、有担当，对她有用的靠谱男人。追黄色女神，最好追得直截了当，不扭扭捏捏，不婆婆妈妈，一切看行动。

当黄色的女神遇到问题难以解决或者效率低下的时候，便是你乘虚而入的最佳时机。举一个例子，黄色的女神要在今天晚上7点参加一个非常重要的会议，但是现在已是高峰期，根本打不上出租车，此时最好你能及时驾车出现，再不济，你能帮她在大街上抢到出租车也好，实在不济，你能及时呼唤你家小区门口的黑车司机来载她也行。

帮助她达到目的、实现目标即可，至于过程和手段不必太在意，在那一刻，就是你加分的时刻。

之后不要太扭扭捏捏地缠绕在她的身边，要知道你必须成为她心中的强者，自己的奋斗也是很重要的，你赚的钱比她少不是太要紧，但你做事的速度比她慢，同时你生的病比她都多，在很多时候她还需要反过来照顾你、迁就你，那就糟糕了。与她无关的事情还好说，但当你的所作所为或者现有处境没有帮助到她，反而影响她目标达成的时候，便是你噩梦的开始了。

所以，要娶黄色的女神，你可一定要在某个方面比她更强哦。

最后再跟诸位男生分享一个小秘密，我曾经悄悄问过一位黄色的老师，黄色的女孩子究竟想要什么样的伴侣？答案是，此人要有能力管好自己的生活，这是底线。所以，如果你自己天天起床还要妈妈叫你三遍，还是早点打消追黄色女神的念头吧。

作天作地的红色性格女神

红色性格女神难度指数★★★

红色的女孩情感丰富，渴望关注、认可、理解和支持。打开红色的心门，难度在于：一、红色喜欢变化，她们很容易厌倦一成不变的方式，最常听到对她们的评价就是“作”；二、她们需要关注和认可，用明确的方式表达出来，最好你能时刻营造以她为先、以她为重的小公主感觉；三、红色的女孩很可能对男孩有依赖性，如果你没有足够强大自信的心理，时间久了可能会觉得很累。

红色性格女神案例详情

红色是情感高度外放的，如果她们自小成长的环境没有太多的控制与打磨，她们的红色会如种植在肥沃黑土地的小树苗一样疯长，最后枝繁叶茂光彩照人。但如果她们摊上喜欢约束自己的父母，或者其他客观原因不能让自己释放，自己的红色就会被压抑住，甚至是看起来非常不像红色，反而像黄色、蓝色或者绿色的女神。因此，在追求之前，你必须要看清她的真实性格是什么，不要被假象误导。

但不论是原生态红还是压抑红，毕竟本身是个红色，因此还是有很多共性可以来讨论的。

在乐嘉老师的一次演讲师课程上，我偶然听到了某位女神L的演讲，深有感触。

这位女神L是之前某档热门相亲节目的知名女嘉宾，那时候只觉得她高贵优雅，家庭背景极好，从小受到超级严格的淑女教育，也有大量的男嘉宾慕名而来。但L好像因为被之前的淑女教育框住了，很多感受不敢表露也不愿表露，有一些说不上来的奇怪。关于这一点，在我之前观看节目时始终道不出原因。

在那次课堂上的演讲里，她讲了自己其实是自小被压抑的，有一对经常吵架且非常有主见的父母，让她长期关闭了自己感受的触角。

有一次，她在幼儿园闷闷不乐，老师问她什么事，她说父母吵架了自己不开心，于是这位老师告诉L的父母他们的孩子很难过，请求他们不要再吵架。结果没有想到，L的母亲对L说了一句话："以后不要把你心里的话告诉陌生人，那对你没什么好处。"自那以后，L感情的触角被彻底关闭，再不敢把自己内心的情绪表露出来，如果有难受的地方，她的发泄途径只有一个——写日记。

节目中她没有遇到自己的另一半，但是在节目之后她遇见了自己的真命天子X。X是一个典型的原生态红色，乐观开朗，极度活泼，在他的带领与感染下，L才开始重新将自己的触角伸展开来，而X的做法很简单，不管L做什么事情，只要L感觉是好的，是快乐与舒服的，X都全力支持。

我在上课的前几天惊讶于L为何与电视上的状态判若两人，并且感觉比当时在电视节目里快乐了好多，现在我终于知道了答案，而这个答案其实是在基础进阶课被乐嘉老师提到过的，只是当时我并没有在意：压抑红，容易被健康红色吸引，并且被健康红色拯救。

红色性格女神暴露痕迹

嘻嘻哈哈，给人话痨的感觉，在朋友圈里主动跟人分享自己发生的事情与此刻的心情，日常交往时，经常不自觉地把话题转移至自己身上，对很多新鲜的事物充满好奇，非常在乎别人对她自己的看法与态度，生气时容易情绪化，热情来得快去得快，不在乎细节。

以上为原生态的红色，压抑红的情绪不会那么外放，但有一些行为会暴露她们的真实性格，比如虽然她们经常表现得不快乐、不自信，但对认可和关注非常在意，对快乐的渴求欲旺盛，且非常容易触景生情并表露出自己的激动。

红色性格女神性格特点

阳光乐观，开朗活泼，喜欢表达，乐于助人，朋友多，情绪波动，随意性强。

红色性格女神攻略技巧

因为红色骨子里是高度外放的，就好像一间玻璃屋子，一切都暴露在外，大门敞开欢迎各方宾客的到来。**要接近红色的女孩，凡是可以给她们带来快乐与舒服的人，她们都是愿意接受的。**而这种快乐或来自相貌与气质，或来自幽默感与说话涵养，或来自言不为过的赞美与欣赏，或来自你们不谋而合的共同话题。而倘若你摆出一张宋小宝的傻脸又说着“老妹儿，有微信不？加一下呗”，估计就比较难了。

而红色除了对快乐有追求，对别人的关注也是有强烈需求的，所以还有一种情况是搭讪红色女神的最好时机，那就是在她们精神受到巨大打击的时候。因为红色在这个时候特别需要一个发泄渠道来转移自己的精神垃圾，而你如果自愿当她的倾诉聆听者，并且努力地安慰她让她恢复快乐，你将获得她的信赖。

红色对回应也是有需求的，当她提出一个主意，譬如“今晚去看《超级演说家》吧！”如果你的回应是“行”“可以”“随便”，这些都不是红色想要的答案，最好的答案就是给她更夸张的回应：“哎呀，真好，我正好也想看这个节目！”然后为她准备好一大堆零食，就等着她心里的小鹿乱撞吧。

最好搞定的绿色性格女神

绿色性格女神难度指数★★

绿色的女神，和谐包容，不挑剔不抱怨。她们麻烦的地方在于缺乏积极主动性和不懂拒绝。

打开绿色女神的心门理论上不是件难事，两颗星的难度指数代表追求绿色女孩依然可能会遇到以下困境：一、女孩爸妈不同意；二、自己爸妈不同意；三、还有其他追求者，女孩无法抉择。

所以与其说是追求绿色的女神，不如说是去搞定其他人更关键。

绿色性格女神案例详情

J是我认识的一个绿色的女孩子，是非常呆萌的妹子，在一个月的时间里突然有了男朋友，又突然分了手。后来我问起此事，J呆萌地告诉我："他那天开车把我拉到小山上，就我俩人在小山头上，然后他突然把我推到车身强吻了我，我也没反抗就在一起了，但是他没啥工作，我父母嫌他家境不好，叫我俩分手，我也没坚持，然后我俩就分了。"

全程没有看到她的郁闷情绪，反而感觉她在说这话的时候是轻松自在的。我问她你会怀念你俩在一起的日子吗，她说："其实也不太会去想。"

记得多年前还有一次，谈了没几个月的恋情告吹，J当时还有点喜欢对方的，不知何故对方突然提出分手，她虽有些难过，但也很快消散了。感情不必强求，就没有多想。多年后重逢，前男友主动聊起当年，才知道他当时是感觉把握不了J的心，他每次主动约会J，J都会赴约，但每次回去后，J就杳无音信了，直到他下次再约，J又欣然赴约。如此反复，前男友性格中有黄色，认为J不够重视他，提出分手，也是借机做个试探，没想到J的回应是"哦，好吧。"前男友一咬牙，分了。其实J不是不喜欢对方，只是她天性易于接受对方的决定，不为自己争取，而且也误会了对方的意思。了解J的性格是如此被动后，前男友懊悔不已，竟是性格差异导致他们错过了美好姻缘。

绿色性格女神暴露痕迹

生活中呈呆萌状，没什么主见，没有太多的要求，别人提出的建议永远是"嗯，好的"。话不多但善于有耐心地倾听，看她们的朋友圈，你会发现有生活但发布频率低，也从来没有什么悲观的东西，直接转发的多，自己评论的少。图片配有的文字都是只言片语，且并无太夸张的字眼，多配有微笑的表情。

绿色性格女神性格特点

稳定低调，与世无争，天性宽容，先人后己，缺少主见，不思进取，逃避责任。

绿色性格女神攻略技巧

绿色的女神是追求和谐的性格，温和没脾气。她们虽然不爱提要求，却经常能做到不吝付出。如果她们接到你最诚恳的帮助请求，她们为别人着想的好心肠，会直接送给你一个搭讪绿色女神的好机会。这也印证了笔者某位男性好友的话：傻傻呆呆的那种，一搭一个准！

其实在这里笔者非常想说的一句话就是“对付绿色女神就是直接推倒”，但我知道这样看起来相当敷衍和暴力的一句话会引来很多人的围攻：凭什么你就说人家绿色姑娘很好欺负？凭什么追求其他姑娘需要这么详细和复杂的攻略，到人家绿色就这么简单？你让人家绿色的姑娘怎么想？

可是笔者想说的是，但凡能有以上这种想法的人肯定不是绿色，也不了解绿色，绿色看到以上的分析，最有可能的反应不是生气笔者的粗暴与不公，而是萌萌地说上一句：“呃，好像就是这样的。”

最后，一句话总结，充分地了解自己，了解对方的性格，能少走弯路，不迷路。愿不论什么性格的有情人都能终成眷属！

【亲情】

搞定难搞的婆婆

文 / 六月

性格色彩认证演讲师、广告公司合伙人

对于任何一个媳妇来说，婆媳关系都是全天下最难处理的关系。我想来和大家分享一下，在处理婆媳关系的过程中，我是如何从痛苦中慢慢走出来，变得顺畅和自在的。

如何跟婆婆搞好关系，这与性格有很大关联。

四种性格的婆婆

乐嘉老师在《独嘉秘笈》中举过一个例子（优酷视频有《独嘉秘笈》12期，每期12分钟），有一家人，丈夫平时工作特别忙，婆婆帮着小两口一起带小孩。有次妻子不在，婆婆给孩子喝了可乐。妻子回来以后，孩子就跟妈说："妈，你看你平时都不让我喝可乐，还是奶奶对我好，我想喝什么她就让我喝什么。"妻子去找婆婆："妈！喝碳酸饮料对小孩不好！您怎么能让他喝这个呢？"四种不同性格的婆婆，会有不同的反应。

第一种婆婆，听媳妇这么一说，立刻有点不高兴："我就给他喝了怎么了？我还不能给孩子喝点可乐了？什么对健康不好？你们都是太矫情了，以前我养大你老公的时候，给他吃什么喝什么都没事！现在做媳妇的，太不尊重老人了，瞧这说话的口气，好像你是婆婆我是媳妇一样！"一堆的不满发泄出来。**这种婆婆是红色性格的婆婆，当她有情绪的时候，跟她讲道理是无效的，切记不能跟她对着干。**

第二种婆婆，听了这话，什么也没有说。婆媳俩照常相处，只是对于媳妇的任何事情，婆婆什么意见也不发表。直到一个月后，媳妇要出差，跟婆婆说："妈，我要去外地两天，您帮我照看一下小宝。"婆婆说："有什么需要特别当心和注意的吗？"媳妇这个时候已经完全忘记了之前的那件事："没什么啊，您就照平常一样就好了。"婆婆说："平常我都给他喝碳酸饮料的。"媳妇这才明白过来，婆婆把一个月之前那件事放在心里了。**这种婆婆是蓝色性格的婆婆，这种性格的婆婆从不发火，但心里其实会积压很多情绪，和她相处，媳妇需要很细心，去理解和体会她的意思。**她并不想干涉媳妇管教孩子的方式，但她在意的是：第一，媳妇从没跟她说过，不能给孩子喝碳酸饮料，这次事情发生了，却跑来责怪她；第二，作为媳妇，跟婆婆说话的方式态度不对，不够尊重她。

第三种婆婆，一听媳妇这话，立刻就怒了，但并没有发泄情绪，而是冷着脸问："这个家，谁说了算？""我给自己的孙子喝可乐，关你什么事？""你老公是我养大的，你现在住的房子也是我付的首付，你有什么资格对我说三道四？"**这种婆婆是黄色性格的婆婆，她凡事喜欢把主动权抓在自己**

手里，愿意担负一家之主的责任，也期望得到小辈们无条件的尊重甚至崇拜。

第四种婆婆，听媳妇这么说了，就说“哦，那好吧，其实我觉得让孩子喝点可乐没什么太大问题，但既然你说了喝这个不好，那以后我就不给他喝了就没事了。”这种婆婆的脾气特别温和，没有想主导家里事情的欲望，是绿色性格，很好说话，不需要搞定。

上述四种婆婆，分别对应红色、蓝色、黄色、绿色四种性格。那我的婆婆呢？

婆婆与老公和我的战争

我的婆婆是一位非常善于表达爱意的母亲。第一次和她见面时，她毫不吝啬的赞美以及笑成新月的眉眼，瞬间就击中了我的心，这是我理想中的母亲形象啊。她用温柔的声音唤我“孩子”，在每次进门时笑着责令我去洗手，在冬天替我烘暖待换的贴身衣物，在退休后继续进修做一个让孩子骄傲的母亲……

在我享受着这甜蜜的关心时，却发现老公和他母亲的关系并不融洽。

有一次，我们回老家看爸妈，打算住几天。老公把一条才穿了半天的牛仔裤丢在沙发上，特地嘱咐他母亲千万别洗——因为婆婆有轻微洁癖，无论什么衣物都喜欢穿一天就洗。不料老公一个转身就发现母亲正从脸盆里捞起洗干净的裤子，他大怒，质问道：“我叫你不要洗不要洗，你为什么答应了却要偷偷地洗？你不听我的是吧，我告诉你，这条裤子我不要了！”然后，他气冲冲走到厨房拿了一把剪刀，要剪了自己的裤子。婆婆当即冲上前去往回夺裤子，并哀怨道：“你要剪就先剪我吧!”我瞬间被惊吓住了。

我没有见识过一对母子会把该不该洗一条裤子这种小事升级成一场“战争”的。我本能地判定是老公的过错，先是一通劝，让婆婆得以带着伤心欲绝的神色去把裤子给晾了。然后我又回过头安抚老公，他已经在买当晚的机票，准备提前走人，我劝他再留几天。

那晚，当我听见婆婆偷偷对公公抱怨儿大不由娘的伤感时，我觉得老公是世界上最糟糕的儿子。天底下没有不是的爹娘，至少以我当时有限的经验是这么认定的。但是慢慢的，我开始能理解老公的困扰了。

婆婆时不时会给远方的我们寄东西，一寄就是一大箱，仿佛箱子的大小直接代表了爱意的多少。最初的每一次都让我感动，还会特地去电话表示感谢，老公却说我在自找麻烦。渐渐的，我们消耗这些物品的速度实在赶不上婆婆邮寄的速度，我开始婉转地表示，是否可以不要邮寄那么频繁？婆婆答，儿行千里母担忧，这是父母的一片心意呀。想怎么寄还怎么寄，最后我几乎连朋友家都送无可送了。

我开始迟疑，究竟要不要继续接受这些过火的爱？老公看我对着一个个装满食物的箱子愁眉苦脸的，便决定亲自出马解决问题，我自认无能，自然也就只好让贤了。谁知道他处理问题的方式是直接把刚刚寄到的包裹给重新寄回去，两个来回之后，我方胜！

但我依然有着一丝不安。果然，战争一触即发。

老公常年在外应酬，被检查出脂肪肝。有一次回家探望，我随口把这事儿告诉婆婆，不料婆婆当下就替老公安排了体检，其中一项是老公的死穴：验血。出门前，母亲虚晃一枪要求儿子检查身体，儿子不觉有诈，欣然迎战。到医院检查完几乎所有项目后，母图穷匕见，要求儿验血，儿誓死顽抗，母败。回家路上，母心不死，一路劝降，儿怒，止步问母是否要儿提前回自己家，母撤。晚餐后，母又旧事重提，儿大怒，公公终于出山调停，训儿止母。至此，战事告一段落。

这样的战争，上演了一次又一次，每次的结局都是儿怒母哀怨。而我也从最开始的支持婆婆，慢慢叛变到了老公这一边。我没想到这也触发了婆婆的不满。

有一天，婆婆要求我帮她搞定儿子的戒烟问题。我说实在无能为力，婆婆一改往日的和蔼容颜斥责我:“真没用，搞不定你就不要进我张家门了！”（注意，是婆婆姓张哦）。

我方才一知半解地反应过来，原来婆婆需要掌权，我在她心目中，更似一个可被用来对儿子施以影响的神仙法宝，可惜，我做不到有求必应。之后的日子里，尽管婆婆心灰意冷地发现了我的不中用，但依然没有放弃将我发展成为她的先锋兵。别人家的问题都是儿子夹在婆婆和媳妇之间难做人，到我这儿，却是儿媳妇成了婆婆和儿子之间的消防队长，实在叫人左右为难。再后来，我才发现，他们母子之间早就习惯了这种对抗游戏，上一秒可以锣鼓喧天，下一秒可以母慈子孝。

婆婆的性格

学了性格色彩，我发现婆婆的性格是红+黄，红色为主的她，很要处处为儿女着想，所有的方面都要为儿女好，各种操心，各种担心，千里寄东西；第二色的黄色体现在婆婆需要掌权，儿子儿媳都听她的；需要改造，吸烟不好一定要戒，脂肪肝不好，一定要查；我是家庭的一分子，婆婆自然是也希望我好，但同时我也是婆婆用来可以影响儿子的角色。幸好老公没有让我去影响婆婆，不然我夹在当中真是要压扁了。

一个红+黄的母亲，她的爱就像一团火，熊熊燃烧。上完课我终于能理解，在我们因为婆婆不考虑我们的需求和感受而感到窒息时，婆婆认为自己是在奉献温暖和光亮，而我和老公居然还不感恩，不领情，她当然会愤怒。理解之后，我忽然发现，自己其实并不需要因为婆婆和老公之间的战争感到不知所措，尤其是不必对婆婆有那么大的情绪。一边是婆婆对老公的母子之爱，一边是老公通过和妈妈的对抗来表明自己的长大和自立，而我只要明确我的目标，做好自己就可以了。而我的目标首先应该是维护好和老公的小家庭，把注意力从婆婆和老公的冲突上转回来。

化解家庭战争

通过性格色彩的课程我还学习到，婆婆是可以被影响的。红+黄的人需要认可，需要尊重，需要感恩。他们不喜欢被当面指出问题，反对的声音只会激起他们的情绪和斗志。发现问题他们就会希望扑上去解决问题，遇到对事情的意见分歧时，他们需要就事论事的解决问题。当问题被顺利解决，他们的情绪也会平复。课程归来，我和老公做了一次长谈，除了更加理解婆婆之外，还研究了和妈妈互动的一些方法。很快就派上了用场。

有一天，婆婆烧了老公最不爱吃的苦瓜，还一个劲儿地让老公和我多吃一点，说我们平时一定吃的比较少，要注意营养均衡。按往常，老公肯定无视婆婆的要求，婆婆说多了老公就会冲她，这一次，老公一反常态，立即夹了两片苦瓜吃，然后微笑着说："妈，你烧了那么多好吃的，我们都吃不过来了（先认可），现在我们每顿饭都保证有荤素搭配，老婆还定期补充时鲜水果（行动层面的落实），都是你以前反复提醒我们的（感恩），所以我的口腔溃疡再也没有发过（结果层面的体现）。"婆婆听了特别高兴，立即对我们的听话照做表示满意。

而且，最重要的是，自那以后婆婆再也没有在这个问题上反复唠叨我们。其实她说的是有道理的，我们以前是有情绪所以不想听，但现在没有对立的情绪了，觉得这本来就是我们为了自己的健康要做的事，至于是不是一定要吃苦瓜不重要，重要的是我们体会到了她的良苦用心，而我们也通过膳食平衡达到了让自己健康的目标，这个目标和婆婆的出发点也是一致的。

后来，关于戒烟的事情，婆婆又跟我提起，让我影响老公，推动他戒烟，照顾好他的健康。我说，"嗯，妈说的是（对婆婆的态度先接纳和认可），唉，又让你操心了（此处是对婆婆的关心）。妈，你别看我天天在他身边，其实他心底里还是最听你的话（对婆婆示弱）。你最了解他，还是要你多教教我。"婆婆的神态立即从起初的烦躁不满放松了下来，给了我一些方向性的意见。我表示回去好好实践。我发现，只要我能接受自己在婆婆面前示弱，其实事情也没什么大不了的。

学习了性格色彩的好处是一举三得：我和老公的感情更稳固了；我不再主动卷入婆婆和老公的战争，也不再因此焦虑不安；我和老公调整了和婆婆相处的互动方式，冲突的次数显著减少。整个家庭的氛围越来越好！

【友情】

怎样解救身边的抑郁症

文 / 张萌

性格色彩研究中心研究员、性格色彩咨询师督导、国家高级心理咨询师

近年来，因抑郁自杀的名人不在少数，每次都能引起公众唏嘘。其实有更多的抑郁者并不被人知晓，他们终日困于心灵一隅，看不到阳光，找不到出路。随着抑郁时间渐久，满目萧然，除了极端的做法，他们很难看到其他可能性。亲友在一旁也束手无策。

记得上大学时，我的女友就出现了轻度抑郁，总说一些让人泄气的话，类似“当人很累，还不如当树”，“要是突然消失该多好”。那时我不懂心理学和性格色彩，我能做的事情只有三件。第一，每当她这种念头出来时，我就陪着她，多长时间都陪着。第二，我跟她讨论她的想法，举例证明这些想法是不对的。第三，只要没课就拉她到处玩，而且是和一群人玩，吃饭、逛街、电影，连打电脑游戏也算。

最后的结果嘛，她成功活到了现在，已经是两个孩子的妈了。当然大学

毕业后，她跟我也就没什么关系了，但能够凭借自己最原始的力量来挽救别人老婆的生命，我也觉得挺值的。也许是因为她的缘故，我最终走上了和人打交道，研究心理之路，接触到越来越的抑郁者。

抑郁者如黑夜独走深巷，前无出口，后无退路。

其实，抑郁者的亲友若能懂性格色彩，可能一切都还来得及。

抑郁者的轨迹

抑郁者走的是一条怎样的路呢？他们的人生又是如何一步一步走向自毁的呢？我遇到过一个真实的故事。

女孩身材高挑，穿着时尚，戴着一副名牌墨镜。

生活中若是见到这样的女孩，你绝不会将“抑郁”“自杀”这类词和她联系起来。但她手腕上一串长长的檀木珠手链似乎正在泣述着一段往事。

她生长在一个军人家庭。爷爷当兵的时间久了，将很多军旅气息都带回家里。在她的记忆中，童年是没有笑声的。相反，她印象最深的是爷爷经常批判甚至打骂她的爸爸。虽然爷爷从来没有打骂过她，她也能感受到爷爷对自己的关爱，但她面对爷爷，只有恐惧和愤怒。

在爷爷的威严面前，爸爸和妈妈变得异常安静。他们从没有对她说过任何亲密的话。所有人在家里说话都很小心，担心被爷爷抓到话柄，招来一些不必要的麻烦。

女孩十二岁时，家里安排她去一所中学寄宿，这是她第一次离开家。学校里，她出众的相貌很快引起了老师和同学们的注意，她都记不清有多少男生给她写情书、送礼物、表白了。她全都拒绝了，原因只有一个：初二那年，她的物理老师对她表白了。

物理老师是一名刚从大学毕业的男生，长得帅气，人也温和。当他表白时，她都不敢相信。在她的传统观念中，为人师表不应该做出这样的事。但是老师的特殊身份让他一下子从所有竞争者中脱颖而出。一开始她心里有抵触，但在老师无微不至的关怀下，她成为了物理老师的地下恋人。

这样，日子持续到高二，她发现老师居然还有别的女人，她第一次选择了割腕。一个品学兼优、充满才艺的女学生自杀，自然会引来好奇和侧目。但她什么都没说，她也不能说。这事引发了两个后果：第一，那个老师迅速甩掉了别的女人，一心一意地照顾她；第二，她打心底不再相信爱情和男人，曾经美好的憧憬摔得粉碎。当然，还有第三个她自己没有觉察到的后果，她的人生正驶入一段不可逆转的灰色旅程。

一上大学，她就甩掉了高中物理老师，迅速成为校花。追求她的人更多，层次更高。据她描述，那时她只想着报复男性，所以会同时跟很多男人恋爱。花光他们的钱，伤害他们的感情，这是目的。名包，名表，名首饰；好吃、好喝、好消遣；上车、上床、上医院。这是她大学时的生活轨迹。

大三的时候，爷爷去世了，她哭得一塌糊涂。她觉得唯一有能力把她从现状中打醒的人走了。哭累了，她再一次割腕。这次割腕后，那些曾经围绕在她身边的男人们都担心惹祸上身，全部消失了。“爱情？男人？其实都是屁。”

毕业后，她成为了一家公司的公关。“相貌与工作难度成反比”，对她而言，钱来得太容易。除了收入，仍旧有很多死心塌地的“脑残粉”给她送钱。她若看上哪辆车，打个电话就会有人送上门。她想，反正女人不就是批发和零售的差别吗?

纸醉金迷的生活，一方面给她带来大量的刺激，另一方面吞噬着她的生命。她终于累了，二十八岁生日那天，她想在自己家里用自杀的方式纪念，还好遇到天然气检查，她又一次没死成。

幡然醒悟后，她一改以往骄奢淫逸的生活，开始寻找内心的救赎。无论是活佛、心灵大师，还是心理咨询师，她都去找，也学了很多心理学课程。她发现即便非常虔诚地去讨教和学习，仍然看不到希望。每当她遇到一个她以为可以救赎自己的人时，她就会用自杀来呼救。大部分的助人者都倒在这招之下。

看到这里，你或许会鄙视，又或许会心疼。其实她只是个抑郁的受害者。抑郁者并非都是我们想象中的样子：每天郁郁寡欢、沉默不语，找个没人的地方偷偷死掉。很多看上去积极乐观、生活丰富的人也可能是真正悲观绝望的人。

什么是抑郁?

抑郁=情绪低落+悲观+自我否定。抑郁症是抑郁发展到一定程度后的表现。

虽然抑郁症产生的原理至今尚在探索，但是生活中遭受挫折、打击、压抑等都是抑郁的诱因。抑郁并非很遥远，事业低谷、亲人故去、爱情崩塌、信仰缺失……每个人在一生中或多或少都会遭遇不顺，引发我们悲观、情绪低落甚至抑郁。

精神分析认为：抑郁是自恋的表现，是把原有的攻击指向了自己。就是自己舍不得扔自己的垃圾，还拿垃圾来砸自己，当然这些是潜意识里的。

从意识层面看，抑郁者自杀的理由其实只有一个——没有价值感。价值感很多时候是人活着的理由。缺乏价值感，活着也就没有意义了，这是抑郁者最常见的逻辑。

需要区分的是，有抑郁倾向不等同于得了“抑郁症”。在我们人生遭遇低谷时都可能会有抑郁倾向，发展到一定程度才是“抑郁症”，在医学上有明确的诊断标准。在没发展成抑郁症时及时自助或者助人，避免滑向黑暗的深渊就显得尤为重要了。

性格色彩观抑郁

并非所有的性格色彩都容易抑郁。

黄色和绿色天生对自己的感受不敏感，那些负面的打击和伤害不容易影响他们。即使遇到不如意或身陷低谷，黄色马上就能找到解决当前问题的方法，只要设定一个需要达成的目标，并付诸行动，期间就不受情绪干扰。绿色天生拥有较强的自行消化负面情绪的能力，他们会放低要求，减少欲望，对任何事都报以无所谓、能接受的态度。

而红色和蓝色都是情感丰富、容易沉溺于内心世界的人。红色想法太多，喜欢放大内心感受；蓝色内心细腻，思虑过重，容易造成负面情绪堆积。所以，红色和蓝色更容易抑郁。

不过，因为红色和蓝色处理负面情绪的方式不同，导致抑郁产生的原因不同。

打个比方，家里有了垃圾，最正确的做法是将垃圾清理后倒出去。但红色喜欢用的方式是逃避。明明家里已经堆满垃圾，他视而不见，假装这些垃圾都不存在。蓝色呢，则喜欢把垃圾分类并留存着，检视其中的经验教训，不愿意往外倒垃圾。

如果不及时倾倒负面情绪的垃圾，人就会被垃圾淹没、压垮。蓝色比红色多了一个垃圾分类的环节，可能会延缓抑郁的发作。而红色的刻意回避，往往会导致抑郁突发时，做出一些极端激进的行为，比如自杀。

不同性格的抑郁者如何自救?

红色性格——倒垃圾+培养新兴趣

其实红色从小就会把开心难过写在脸上，告诉父母或者朋友。但年龄越大，考虑越多。红色这种及时处理垃圾的能力会因为照顾他人感受、在意他人对自己的看法而逐渐减弱。有些红色就压抑着自己，干脆不倒垃圾了，任垃圾在心底发酵。

及时处理负面情绪，做回那个不压抑的自己，是红色抗击抑郁的最直接的手段。

这里说的处理负面情绪，不仅是指对外宣泄，还可以有更好的办法。

我有个红色朋友，结婚十年，工作谈不上顺心也没有不顺心。日子就这么一天天地过，似乎波澜不惊，也没什么大起大落。但某日去医院做了心理检查，发现患上了轻度抑郁。他来问我是否有办法自我治疗。

我给他出了个“馊主意”：走进一家书店，心里默念任意一个数字，从书架某个位置开始记数，抽出相对应的书，整个过程就像去寺庙数罗汉一般随机，抽到哪本算哪本，就当作是种缘分。然后买回这本书，回去学习研究，开始一次未知领域的学习。

我这朋友还真听话，他挑的书是关于鲤鱼养殖，这与他平时的工作、爱好风马牛不相及。可他硬是皱着眉头啃完那本书，又逼着自己周末去公园看鲤鱼。渐渐的，他发现，要把鲤鱼养好还真是大有学问。鲤鱼突然就成为他新的兴趣。当他心情好起来之后，回头看之前那些让他沮丧的事情时，很容易就把心结打开了。

对红色而言，转移注意力，培养新的兴趣爱好，也是处理负面情绪行之有效的手段。它虽然不直接处理那些负面事件，却对情绪调节很有帮助。心门打开了，再去处理那些情绪上的绊脚石，就很容易看淡、不执念。

蓝色性格——动起来+跟红色朋友在一起

与红色相反，蓝色天性就不爱将负面情绪写在脸上或者倾诉出来。蓝色一直将过往的悲伤、痛苦当成自己的宝贝，他们希望能从这些悲伤和痛苦中，找到值得借鉴的经验，这是蓝色敝帚自珍的原因。

蓝色应该怎样自救呢？蓝色不爱宣泄情绪，但蓝色可以试着和自己比较信任的红色朋友多待在一起。

红色的朋友有着蓝色所不具备的容易快乐的特质，善于营造欢乐活泼的氛围。其次蓝色可尝试做运动，医学证明：人体运动时，大脑会分泌多巴胺——一种让人感到愉悦的物质，其作用相当于心理润滑剂和清洁剂，一定程度上能去除内心的灰尘和污垢。持续的运动可有效帮助蓝色排解很多心理垃圾。如果不习惯太剧烈的运动，可以选择瑜伽或者太极等自己能接受的、适合的运动；运动其实也适用于红色，但因红色天性持久力差，运动很难坚持，效果并不明显。

当然，不论对红色还是蓝色，一旦发现自己有强烈抑郁倾向，对生活消极，提不起兴趣来做原来喜欢做的事情时，最可靠的办法还是及时求助专业人士或者医生。

助身边人走出抑郁

如果有亲友身陷抑郁，该如何帮助他们走出来呢？

助人之前，首先要有一个基本判断：他是否流露过自杀的想法？是否已经有过自杀的行为？如果有，就一定要把他拖到正规医院就诊。因为这两项已经是严重抑郁的标志了。目前，一些药物对抑郁的控制还是有不错疗效的，至少先能把命保住。如果是严重抑郁，除了药物控制外，必须配合心理治疗。心理治疗、药物控制和家属帮助三项中，心理治疗是核心要素，药物和家属都是辅助要素。

无论抑郁严重程度如何，亲友的帮助非常重要，不可以把他们交给医生后坐视不管。要帮助抑郁者走出来，亲友首先要保证自己的心理状态良好，持续性的帮助会消耗掉自身大量的能量。如果自己垮了，也就谈不上助人了。

帮助红、蓝色性格抑郁者的绝招

接触了心理学和性格色彩之后，我发现自己当年解救女友的那些方法，其实是误打误撞，触碰到了缓解抑郁的开关。

这套助人绝招无论对红色还是蓝色抑郁者都挺管用。绝招的宗旨只有一句话："积极回应他的一切感受"。

红色和蓝色都很重视自我感受。因此，感受能否得到回应，对于他们建立自己的价值感非常重要。

有了价值，他才能找到存在感和生活的意义。处于抑郁的红色和蓝色异常敏感，内心感受更加复杂多变。因此亲友要时刻注意他感受的变化，并且要给予积极的回应。要比以往更在乎他，从心底把他当作一个随时可能消失的人。

在这条宗旨之下，帮助红色和蓝色抑郁者的具体操作方法略有差异。

对于红色的积极回应，主要用嘴巴。增加他互动的频率，聊天，讨论问题，或者不断地赞美他，夸到他不好意思……以前你在厨房做饭，他在沙发上看电视。他叫你一声，你花了一分钟才响应，甚至好久都不响应。那么现在就需要你在1秒钟内响应，这就是"积极"。

对于蓝色的积极回应，主要用观察。蓝色本就不喜口头表达，对他的情绪变化要细致入微的观察。比如，某一道菜比其他菜多吃了几口，就意味着他对这道菜更喜欢，平时就可以多烧几次。时刻让他感受家人的默默支持对蓝色很重要。另外，还可以引入新的、他可接受的变化，使他一贯的生活作息有所调整，带来些不同的感受和想法；当他流露出消极念头时，不要转移话题，而是直接面对。

具体的招式还有很多，掌握了核心的原则，一切皆可变通。

对抑郁者该说什么呢？

对抑郁者而言，向他人倾诉是件很不容易的事，要相当程度的信任才做得到。当他向你表达自己的悲伤或绝望，你会怎么回应他呢？你也许会劝他：你看人生还是有很多积极的一面嘛！那他只能把剩下的话吞回去……你或许会安慰：人生本来就没有什么意义，只是需要我们去赋予它意义。那他只能把剩下的话吞回去……你或许会抱怨：你怎么可以这样消极和颓废呢？你辜负了我的期望！那他只能把剩下的话吞回去……你或许会攻击：想死啊？那你去啊，你去啊！一死百了！那他只能把剩下的话吞回去……你或许会激励：昨天的你已经死去了，明天开始重新来过吧，活在当下！那他只能把剩下的话吞回去……其实最重要的不在于你说什么，而在于你用心的倾听，感受他的感受。对抑郁者而言，这是最美好的事情——他在绝望，而你在听他绝望，一起承担绝望的重量。

抑郁并非绝症，抑郁者也并非瘟神，只要用适合抑郁者性格的方式对待他，就能协助他重拾生活信心，逐步走出人生的低谷。

第四篇 4

亲子篇

#【家庭】

懂性格的妈妈是好老师

文／王赟枫

性格色彩认证演讲师、常州市总工会女职工部部长

每个家长在孩子的成长过程中可能都会遇到几个坎儿，比如，幼升小，小升初，高考。我家大儿子今年7岁，就遭遇了“幼升小”。在“幼升小”的阶段，最头疼的问题是要不要让孩子提前学拼音。一年级的拼音教学进度很快，一个月以内就要完成所有拼音的学习。而拼音是今后语文学习的基础，必须掌握好。对于现在提倡减负的大环境，老师不会布置笔头作业，所以需要家长在家能有所督促。

之前我看了很多育儿宝典，有的提倡快乐教育，不要让孩子被各种补习班束缚了手脚，丧失了童年的乐趣，这是后来无法弥补的；有的强调国情不同，不要盲目学习国外的快乐教育，一味的享受快乐会让孩子输在起跑线上，悔之晚矣。我找身边的朋友取经，也是各有各的说法。是以宽松为主，让孩子尽情享受童年，还是严厉为主，让孩子做好准备迎接未来的挑战？我

很是纠结苦恼。

幸运的是我遇到了性格色彩，了解了人的性格分为四种，不同的性格行为动机不同，激励方式不同。没有对所有人屡试不爽的灵丹妙药，要根据对方性格的不同，选择合适的沟通方式才能更好地达成目标。我了解了儿子的性格，找到了适合他的教育方法，攻克了拼音关，帮助他顺利度过了“幼升小”的适应期。

了解性格特点，制定育儿方针

儿子的性格有三大特点：非常在乎感受、情绪起伏大、专注力不持久。

他很在乎我的感受，非常细心地关注我的需要，用现在的流行语来说，是个贴心的暖男。只要我皱着眉头躺在沙发上，他就会悄悄去找条毯子来，盖在我身上，然后跪在地上，用他的小手暖着我的手；只要我捶捶背，他一定马上跑过来，当起小按摩师，那年他才3岁半。后来大了一些，我带他去普陀山旅游，玩了一整天，走向渡轮的路上我已经累得腿酸，他也没有了一路蹦跳的活跃。问他要不要妈妈抱抱或者背一下，他回答我：“不用，我是男子汉，能自己走，妈妈你也很累了！”而一上渡轮，他立刻就睡着了。关心我的同时，他也热切地期盼着我给他肯定和赞扬。每次真诚的感谢和表扬都是他继续如此让人温暖的巨大动力。

他的情绪起伏大，情绪来得快去得也快。上一秒还在开心地和我说话，下一秒不知道什么事情刺激到他就会满脸不高兴，但是这个时候，如果能关注到他的情绪变化，停下手里的事情，走近他给个笑脸和拥抱，他也会迅速回到开心状态。

除此以外，他对事物的专注度不长久，哪怕是他喜欢的事情。有次带他去超市买东西，看这个喜欢，看那个也想要，几番挣扎后，选中一个变形金刚，在回家路上就已经迫不及待拆包装了，到家马上投入去玩。还没超过20分钟，看到电视里的动画片，就把变形金刚丢在一旁了。从小当他哭闹着要某个玩具的时候，我就用别的东西分散他的注意力，屡试不爽。

学了性格色彩以后，我了解到他是红色，追求快乐，对人的情绪很敏感，希望得到关注和认可，情绪化，喜欢新鲜事物，等等。对于红色来说，兴趣很重要。很多孩子因为对学习产生了抵触情绪而成绩每况愈下，而一旦在学习中获得乐趣，或者受到关注和认可，往往会被激发起学习兴趣，越来越有动力。红色的天性不善于打持久战，攻坚战，所以适合制定阶段性目标，然后积极鼓励，努力达成，获得奖励后会有持续的动力。

明白了这一点，**我的育儿方针就确定为：创造快乐有趣的氛围，激发儿子的学习兴趣，用积极引导的方式帮助儿子自我成长。**

围绕这个育儿方针，我决定不让儿子提前学拼音了。因为红色的孩子最重要的是兴趣。如果我在他原本可以疯玩的时候让他去记、背，那他会从心里讨厌和反感学习的内容，减弱对学习的兴趣。其次，如果他发现上学学的内容是之前就学过的，很容易产生骄傲的心态，感觉轻飘飘的，这样也不利于他的自我成长。

把握性格特点，攻克“幼升小”拼音关

那么，入学后必将面临的拼音难问题，我如何克服呢？结合性格色彩的知识，我制定了帮助红色孩子攻克拼音关，顺利度过“幼升小”的三步骤：一、充分沟通，帮助孩子顺利适应新环境；二、帮助孩子建立良好的学习习惯；三、激发孩子的学习动力。

◆ 充分沟通，帮助孩子顺利适应新环境

从幼儿园进入小学，对孩子来说是一个全然陌生的新环境，要有个适应过程。拼音问题只是其中之一。这个适应过程中，爸妈要和孩子充分地沟通，以帮助孩子尽快适应。

● 对红色孩子，安抚情绪特别重要，愉快的心情是红色好好上学的保证。家长要询问他们的感受，鼓励他们多表达，以认可为主，给予他们积极的反馈，让他们积极面对困难和挑战。如果是对其他性格，侧重点则有所不同。

● 对蓝色的孩子，爸妈要观察孩子回到家的一举一动有没有和平常不一样，针对细节进行适当的推理和询问，在蓝色孩子表达意见的时候，不打断，听完再发表看法。

● 黄色的孩子比较积极主动，他们更关注事情结果，如果你问黄色孩子今天开不开心，他可能说没什么，如果你问他今天学校里发生了什么，他可能会讲更多事情，这时候再问问他们对这些事情的看法，你会对孩子了解更多。

● 绿色的孩子不太会主动说，尤其是有困难也不会跟家长反映。往往问什么答什么，爸妈要主动问，并且可能还需要给孩子明确的指令，什么样

的事情希望他回家主动告诉爸妈。

开学了，孩子从开始的兴奋进入紧张的学习阶段。第一个星期，每天下班回家我只问他三个问题："在学校开心吗？交到什么朋友了？有什么有趣的故事说给妈妈听？"儿子每次都会很得意地和我分享他每天的喜悦，也分享偶尔的小难过。有一次，儿子回来的时候情绪低落，我问他，怎么不开心了。儿子说音乐课老师教的歌他不喜欢，他想唱自己喜欢的歌，老师不同意。我跟儿子说，你喜欢唱的歌难度很高，很多小朋友还不会唱，老师是要教大家打基础，打好基础才可以唱更有难度的歌。如果你喜欢唱，你可以课间唱给其他小朋友听，或者教他们唱。儿子听到我对他唱歌的认可，瞬间又开心了起来，开开心心去唱歌给外公外婆听了。就这样，在这个过程中，儿子慢慢地平稳渡过了入学最初的适应期。

◆ 帮助孩子建立良好的学习习惯

为了达到好的学习效果，建立良好的学习习惯对所有孩子都很重要，尤其是对红色和绿色的孩子。因为红色天性追求自由快乐，随意性强，需要通过建立好习惯获得甜头以后保持动力；而绿色主动性差，服从性好，需要家长的帮助养成习惯，他们会按部就班做下去。蓝色孩子，非常自律，天性重视规则和秩序；而黄色孩子的重点在于树立目标，目标确立后，黄色的孩子会自己想方设法达成。

记得儿子最初上幼儿园的时候，每天早上我都像打仗一样，催着他刷牙洗脸换衣服，有时候前一天晚上拿好的衣服他突然改变心意不肯穿，我和他要软磨硬泡好久才能搞定。没有时间观念也没有计划性，一切都是看心情。每天早晨要花不少时间应对突发状况，把我弄得精疲力竭。这几年幼儿园上下来，好容易把早晨的生活规律问题解决了，现在儿子要上小学了，我决心要在开始就打好基础。

经过一段时间的仔细观察，我的初步发现是：孩子每天在6：30到7：00之间起床，这样晚上最迟8：30上床，不然休息不够，会影响他第二天上课。学校上课时间是8：30，提倡8：20到校，8：00从家里走就来得及，这样每天他起床之后有最少半小时的空闲，一日之计在于晨，我带着儿子每天在楼下小区花园里晨读半小时，花园里健身的爷爷奶奶经过就会夸奖他爱学习，这对红色的儿子来说是莫大的动力。每天不用我督促，他就会自觉下楼去大声晨读。

◆ 激发孩子的学习动力

激发孩子的学习动力，对不同性格要采取不同的方法。

● 红色，有表现欲，给红色孩子表现的机会，他会为了得到认可而积极学习，希望有好的表现。

● 蓝色，追求完美，很容易自我加压，在学习上家长反而要适当帮他们减压。同时蓝色不喜欢成为众人瞩目的焦点，当小老师这个方法不实很适合。

● 黄色，用挑战法，创造竞争环境，与其把当小老师作为一个挑战，不如再找一个孩子来，让他们比赛谁讲得好。

● 绿色，天性中的动力是最弱的，用力推动只会适得其反，给他小小的要求，一步一个台阶地向上，以鼓励的态度带着他往前走。

我是怎样让红色的孩子有表现的机会的呢？举个例子：

周末，我邀请儿子玩角色扮演，请他做小老师，给我上课，上课内容随便他定。（对红色的孩子，要给他们表现的机会，但不要用逼迫的方式。）他很欢快地答应了，刚接触拼音的新鲜，使他自动选择了拼音作为第一课的教学内容。我拿出准备好的大白板，小老师像模像样地站到白板前，清清嗓子："欢迎王同学来上课，请你专心听讲，有问题请举手发言。"（看来老师上课强调的课堂纪律都记住了，我心中暗自窃喜。）"今天我们学习a、o、e。请仔细看好。"

他努力要在白板上写一个好看的"a"，但是毕竟动手练习还只是局限在课堂上，尤其在这光滑的白板上，他写了几次都觉得不满意，然后就有些生气了。刚才弯弯上翘的嘴角，变平了，眼看就要往下弯了。我马上说："老师，我可以看书上的吗？""好的，你看好啊，是这个。"他一副如释重负的表情，并赶紧来给我指出书上的位置。（及时给红色孩子支持，在他情绪化发作之前，引导他找到解决的办法，可以让他保持积极的心态。）

一节课下来，他很有成就感。于是，我趁热打铁："史老师，今天课上得真好，我都听懂了。我一定会回去认真多读多练习。""嗯，非常好，王同学，老师奖励你一个小宝贝。""可是，史老师，你能写在黑板上就更好了啊。""对啊，可是我写的和老师写的差好多。"我陪着他一起可惜了一阵子。过了一会儿，他主动来问我："妈妈，有什么办法，能让我也写出老师那么好的拼音啊？""让妈妈想一下啊，等下告诉你好吗？""好！"过了大概15分钟，我转了一圈，带着提前准备好的拼音本回到他身边："妈妈觉得老师一定是因为练习得多了才会写得那么好哦！"儿子很愉快地开始奋笔疾书练习拼音了。

从此以后，我们定期进行史老师周末教学，课程的内容也在不时变化，听课的人从我，到孩子爸爸，到爷爷奶奶外公外婆都有，孩子充分地享受着教育我们的乐趣，而同时我也欣喜地看到孩子有很强的动力去补充知识，去提升表达能力。

没有最好的方法，只有适不适合的方法。宽松与严厉是相对的，明确了方向，育儿的方式方法可以灵活选用。有了性格色彩育儿法，我找到了适合孩子的发展之路，面对未来的几道坎，我毫不担心，信心满满。

#【家庭】

怎样让“狼外婆”不再骂我

文／朱薇融

色友、小学二年级学生

我是红色性格，爱好广泛。妈妈总说我“三分钟热度”，对新事物充满热情，但遇到困难又不想去克服。比如我一年级时养过一只小狗，开始时天天和狗玩，后来每天要去遛狗，我都没时间看我喜欢的动画片了，于是觉得麻烦，就不愿意去了。

再比如学琴也是，那时候看电视里的小朋友弹琴特别好，就很羡慕，和妈妈说自己也想学。但等到真正学琴的那几年，就感觉练琴是一件非常辛苦的事儿。要不是有个严厉督促我的外婆，我可能早就放弃了。为学琴这件事，我和外婆发生过很多矛盾。我的外婆平时非常疼我，可是在学习上却对我太严格了。

我的时间去哪儿了？

刚吃完晚饭，外婆见我拿手机在看微信，问我：“融融，今天你还有事吗？”

“哦，有的，我等会儿弹琴。”这时我的注意力完全集中在手机上，继续看我的朋友圈。

其实我知道外婆是故意这么问的，她就想看看我自不自觉。可是我想明明时间还多着呢，为什么要这么着急去弹，休息一会儿再弹也来得及。

过了几分钟，外婆见我没有动静，又喊起来：“融融，快去弹琴！”

“马上就好了！”我和同学们聊得起劲，沉浸在欢乐中。

“朱薇融，你听到没有？怎么还在玩啊？你看看都几点了？”外婆提高了嗓门，脸色也变得很难看，看得出她已经非常生气了。顿时，我意识到如果我再不听，外婆真的要发火了。外婆发起火来是绝对不留情面的。

我只好放下手机，心里却很不高兴，其实我可以安排好时间的，干吗不让我自己来计划？于是我一边走，一边用脚“咚咚咚”地踩地板。我气呼呼地坐到琴凳上，完全没有心思弹琴，心想：反正我现在就是不想弹。

“朱薇融，你在干什么？”外婆快步走到我面前，很严肃地说，“为什么乱发脾气？如果你不想弹就索性不要弹了！如果想弹，就马上让我听到琴声！”外婆的命令，让我一点儿练琴的心情都没有了，可又不敢不练，只能逼自己草草完成任务。

这样的故事经常上演，我时常想不通为什么外婆就不能对我放松点，让我可以多玩一会儿呢？每每想到这儿，我就无比郁闷。就算她要我弹琴，也可以不那么严厉地和我说啊，我的外婆怎么不可以像别人的外婆一样温柔呢？

不近人情的外婆

暑假有一天，好朋友佳佳来我家做客。我俩可开心了，计划着一天的活动安排，上午准备玩大富翁和拼图，下午打算去公园的游乐场玩。

谁知还没商量好呢，就听外婆说："你们自己安排，先把该做的事完成，一个弹琴，一个做暑假作业，互相不要干扰。谁先弹琴？"

唉，真扫兴！"佳佳先弹吧，我写毛笔。"我一边回答一边向佳佳使了个眼色。佳佳耸耸肩走进琴房，不一会儿琴房里传出了"叮叮咚咚"的琴声。

我把毛毡铺开，倒上墨汁，拿出笔和宣纸开始书写。可我实在太兴奋了，暑期那么无聊，佳佳好不容易才有机会来，我是多盼望有同伴一起玩啊！于是我刚写了几个字就走去佳佳身边想和她说说话。外婆看见后马上过来："融融，你在干什么？你看佳佳弹琴多认真，你怎么刚写了几个字就走了？"唉，真没劲，我去看一下都不行吗？但我又不敢反驳，只好继续回去写字。

我一边写一边想着和佳佳玩，刚写完一张我又忍不住走去钢琴房，谁知再次被外婆叫住。她走到我身边严厉地说："朱薇融，你太不自觉了！如果这样的话，以后就不允许好朋友来玩！我说到做到！"

我心里委屈得很，觉得外婆太不近人情了，一年365天，我都要学钢琴，学奥数，练书法，几乎很少有玩的时间，好不容易和佳佳有一天见面时间，外婆都不能让给我吗？而且，她太凶了，每次我的好朋友见到她都会怕，不敢大声说话，只能和我使眼色，对暗号，弄得我好多朋友都不敢来我家玩了。

我很难受，也很想反抗，却担心外婆真的说到做到，这样以后就更没有好朋友来家里玩了。于是我只能老老实实地回去写字，这时感觉看到的字比平时都讨厌，歪歪扭扭写不好，原来心里的那些高兴劲儿也不翼而飞了。

这一次次的冲突不断在我和外婆之间发生，虽然妈妈也经常做和事佬，但我和外婆在我学习上的矛盾还是经常存在。

一堂课的转机

有一天，妈妈带我去上性格色彩的亲子课程。课堂上，老师用浅显有趣的故事，让我知道每个人的性格都有那么多奥妙。下午，家长们开始讲述自己和孩子间发生的故事。有一位叔叔讲述他教育儿子时发生的冲突，我感觉这就是我和外婆的故事。我很认真地听老师分析：原来这位叔叔是黄色。他对自己的孩子要求特别严格，他想要孩子按照他所要求的都做到最好。黄色有较强的控制欲，认为自己总是对的，总是为了孩子好，他要求孩子什么都听他的，如果不按照他的意思去做，他就会生气，并且会用更激烈的方法让孩子听从他，比如打骂、惩罚。

我外婆和这位叔叔的性格不是一样吗？虽然她不会动手打人，但她喜欢控制我，还有外公、妈妈和家里很多事都要听她的。她帮每个人都安排好应该做什么，不应该做什么，因为她觉得这样做是对你最好的，你就要按照她的意思做。

对！外婆应该是黄色！

我一下子明白了，是外婆的性格促使她对我那么严格。老师说："黄色经常会以爱的名义控制。"当外婆对我的爱越多，就会越认真负责，希望我达到她预想的目标，要求自然而然就高了。

老师还说，黄色很直接，为达成目标，很可能不太顾及别人的感受。其实黄色本心不坏，他们只是想快一点达成目标，或者快一点让你达成目标，所以一直在后面催你、推你，给你压力。

课后我跟老师讲了自己和外婆之间的问题，老师开导我说："你想象你的外婆是个黄色的小朋友，她只要认定了学钢琴的目标，每天就会很自觉努力地去练琴，为了考出一级两级八级十级。而你这个红色的小朋友呢，容易贪玩，觉得一遍遍练同样的曲子不好玩，就不想练，或者中途放弃。"

我吐了吐舌头，原来外婆希望我也像她一样，永远对自己高标准严要求。

了解了外婆的性格，我就理解外婆为什么会这样对我了。以前我不同意外婆的想法时，心里就会产生许多抱怨，于是引发了矛盾。现在我理解外婆了，之前的不解一一打开，心里舒畅了很多。回到家后，看到外婆就不再害怕，我知道她并不是故意凶我，她做的一切都是为了让我有更多的进步。

这以后，每当外婆叫我弹琴或者写书法时，虽然我仍旧还想再玩会儿，但只要一想到外婆是黄色，就会试着去理解她。想到外婆的出发点是为我好，只要我听话，她就会更加疼爱我时，我的心情就变得非常愉快。

外婆看我这么听话也很开心，常常主动坐在我身边陪我练琴，耐心地指出我弹琴中的问题，帮我打拍子。这样的指导方式让我能愉快地接受外婆的建议。而当我弹完一首曲子后，外婆给我很多的认可和鼓励，让红色的我好有成就感，琴技大大提高了不少。

现在，我钢琴考过六级，老师和外婆对我的表扬也越来越多，伴随着这些赞美，我忽然觉得学琴并不是一件枯燥乏味的事了，越来越有兴趣。尤其是面对一首新曲子时不再担心，心里充满了自信，我终于体会到了学钢琴的乐趣和坚持带给我的收获。

因为性格色彩，我理解了我的外婆，我们之间的相处也更和谐了。我对妈妈说以后有机会让外婆也去学习性格色彩，这样我们大家都能互相理解，和睦相处，家庭的氛围该多好啊！

【课外】

怎样让不同性格的孩子热爱枯燥的练琴

文 / 关亚兰

性格色彩演讲师、东莞和声琴行创办人及资深钢琴教师

我是一名钢琴教师，教学十年，带过无数孩子。

有些孩子一上来很有热情，但属于三分钟热度，难度增加了就泄气逃避；有些孩子喜欢按部就班，一旦操之过急就会手足无措；有些孩子不顾父母的催逼利诱，看不到好处坚决不学，一旦觉得学了有好处就自觉性很高；有些孩子只是被家长安排来学琴的，默默接受，却不是真的热爱，最终还是会放弃。

在我看来，中国三千万琴童的学琴之路，犹如冲锋陷阵的战场，冲过去的毕竟是少数，中途放弃的有一大片。很多老师、家长都拿孩子没办法，怎样才能调动起他们学琴的积极性，引导他们坚持到底呢？

或许可以从了解孩子的性格开始。

红色性格孩子：偷懒逃避，认可优势

学琴最痛苦的就是练琴，这也是广大教师和家长们最头痛的事情。钢琴课的学习和吸收基本靠课后的大量练习来完成，弹琴虽不是长跑类的体力活儿，但它要坐在琴凳上一遍又一遍地练习。对于天性渴望跑跑跳跳、玩玩闹闹的红色孩子而言，尤其是巨大的挑战。

萱萱是个活泼聪明的红色孩子，接受能力强，很有天分，在幼儿园期间所学的内容就超过一些学了好几年的孩子。但是，上了一年级后，她的进步反倒没那么快了。

一是学校开始有作业了，她的练琴时间缩短；二是随着技巧难度的提升，她开始有退缩的念头。红色面对困难，不愿意处理，第一反应是找一堆借口。她常和我说作业太多没空练琴，或者昨天不舒服就没练琴。

我马上当着她的面，叫来她妈妈，我说："萱萱妈妈，萱萱是我们同批孩子中最棒的，一直都是。如果她可以多加练习，完成每次的钢琴作业，今年的音乐会，我就帮她留个名额。我们今年音乐会的舞台特别漂亮，好多小朋友和家长都要去哦。"

小家伙一听有音乐会，马上精神起来。

我接着她的兴趣点，想激她一激，我说："算了，太忙就不要参加了。机会让给小明吧，他进步不小啊，如果萱萱要上节目的话，回家后必须先练琴，然后再写学校作业才能保证啊。"

此后，萱萱每次想偷懒的时候，妈妈就会在一旁提醒，音乐会在召唤她呢。于是她重新练起琴，作业质量又回升了。

红色孩子喜欢被关注、被赞美，喜欢在大众面前表现自己，所以给她一个平台施展才艺对她很有吸引力。

红色习惯找借口，是因为对自己完成任务的能力不坚定，他们希望从外界获取力量。所以家长和老师可以用表扬和激将法，来满足红色求认可的需求，激将法帮助红色迅速下决策，不再犹豫不决。

当然在学琴路上，也需要家长的配合。

一个红色小男生王子，机敏活泼，无比滑头，进琴房先给老师一个热情似火的拥抱，然后拿好吃、好玩的来吸引老师，这招式其实就是作业没完成或完成得不理想的前奏。当我回归正题，回课交作业时，他马上变得可怜兮兮，要不就是一副扛过一顿骂就算的样子。后来了解到这孩子回到家，也是用各种借口逃避练琴，一会儿肚子疼，一会儿好累，一会儿掉眼泪喊你们都不心疼我，即使父母坚持原则，旁边的爷爷奶奶都会心疼，出面制止这种“家暴”。不用说，大家也都会知道，培养他的练琴习惯的计划从来都是“流产”的，学琴自然不扎实。红色孩子认错快，遗忘得更快，王子出了琴房，老师的话他都不记得了。

因此要解决王子的问题，还得找他妈妈来配合我的练琴计划。我建议他妈妈在王子练琴时，就陪在他身边，时不时给些鼓励和赞扬。红色孩子喜爱热闹，不喜欢独自完成任务，自觉性不高，经常可以找出一堆逃避练琴的借口。能对他们产生推动作用的，就是别人关注的目光和由衷的鼓励。

光南是我教的孩子中，曾被罚抄钢琴谱最多的孩子。他有着红色的优势，机灵活泼，学习新曲子的接受度高。但他也有红色过当：粗心大意，随意性强，弹琴是想当然的，一会儿节奏快了，一会儿看错音了。

为改掉他粗心的毛病，我罚他抄琴谱，想借此引起他的重视。不料持续了一个月，一点好转的迹象都没有，他仍然出现各种错误。

对天生注意力易分散的红色孩子，要让他们专注在一件事上可不容易。其实老师和家长要明白，他们马虎、粗心、不专注的根源在于没有真正对这件事提起兴趣，没把这事儿看得重要，没放在心上。

后来，我想了个办法，给光南找了个竞争对手，让他们在课堂上互相比拼，挑对方曲子中的错误，谁挑的错误越多，谁就能得到小礼物作为奖励。

好面子的光南怎能被别人打败呢？他不仅要求自己谨小慎微，严防出错，每次还都瞪大双眼仔细聆听，挑对手的错，拿到小礼物时就特别有成就感。

红色孩子喜欢在快乐的氛围中学习，竞争压力不能过大。要营造出一种寓教于乐的学习氛围，同时适当通过外力推动，激发他们的潜能。

蓝色性格孩子：敏感细腻，计划至上

若干年前，我只是教钢琴技巧，忽略对孩子的心理关切。比赛只看名次，考级只看成绩，我自认为无比投入，付出很多，直到我最爱也最有潜质的学生小清放弃钢琴时，我才意识到我的问题。

小清在幼儿园时跟随另一个钢琴老师学了二十多节课程，父母发现那么多节课下来，孩子连个音都不会认，于是便转入我门下。

上了几节课，我发现小清身上有很多优点，比如每次上课教的曲子，她都会认真做笔记，用红色、蓝色笔分别标注出重点，工工整整，可圈可点。而且回课她也几乎从没有因马虎而出错。

这使我更加细心地栽培她，小清高兴趣、高质量地进步着。但进行到六级时，她表现出了滞缓，回课经常被打回重练，再后来，她每节课都哭，我没发脾气也没说她做得不好，她就开始哭，问她原因她也不说，她妈妈也备感诧异。后来的课程越发没什么进步了。

直到有一天，前台通知我说，小清不学了。我有些难过，像是被自己的孩子抛弃一般。当时我怎么都想不明白，我哪里做得不好？是我的专业问题还是为人问题？我待她如自己的孩子，她感受不到吗？

学了性格色彩，我才明白小清是蓝色。

回忆最早的课程，我觉得她年龄小，每次都很耐心地分步讲解知识，并回答她提出的每一个疑问，于是她学得不错。但到了后期，我理所当然认为她长大了，有些知识应该自己触类旁通。每节课，我丢给她很多要点，希望她一次性记住，却忽略了蓝色需要按部就班，慢慢消化。

后期曲子变长，为了节约时间，回课我基本只听重点、难点部分，除了讲解新知识点会回答她的提问，对于其他旧知识点的提问，我都表现得不耐烦："怎么没记住呢？不是讲过的吗？"可能她还没弄懂前一个知识点，我已经提出了下一个知识点，她还沉浸在对前一个问题的思考中，内心焦虑不安。

加上蓝色对自己过于苛求，不善变通，导致其在消极情绪中自责。**敏感内敛的蓝色不肯直接表达情感，希望老师和家长体察到，外界若没有及时干预，她内心的焦虑就会变得更严重。**

对于重计划、守规则的蓝色，她本身会制订很多计划，提出要求，按部就班，但如果外界操之过急去推动她，希望她加快步伐，却没帮她解决困惑和质疑，她就会不知所措。

如果我那时懂性格色彩，就不会失去她，她也可能会在学琴道路上走得更远，更顺利。

之后，又遇到小雅，她上课特别认真细致。每次反馈作业，她都能把一两首曲子完成得很好，但剩下的两三首就压根儿没练。她似乎很内疚，但也没有做过多解释。

如果是以前，我很可能因为她没完成所有作业，就妄下判断，一定是她拖沓懒散了。现在，我会先看到她完成的好的部分。

课后，我找小雅单独聊天，我耐心地问："你好几首曲子都弹得很棒，一定花了很多时间和精力练习，老师很欣慰。还有几首，是不是因为时间不够完成不了呢？"

她点点头。我发现正因为她是个蓝色，渴望将我课堂中讲解的要点一一练好，不仅仅是完成，而是尽善尽美，流畅无误，所以完成作业的效率自然就慢了。

于是，在接下来的课程中，我对小雅等蓝色孩子采取因材施教，首先不批评他们，防止他们因完不成作业产生自责和焦虑，影响练琴的积极性。其次，我适当调整作业量，和他们一起制订学习计划，提前分配好每首曲子的练习时间。

我告诉蓝色孩子，切忌焦躁。练琴是一个长期的熟能生巧的过程，一定要慢慢来，不需要在某一天内就把某首曲子弹到完美。先保证每天学到的技术要点都通过练习掌握了，后面再保证曲子的完整性和流畅性。

黄色性格孩子：引导目标，激发动力

在我的孩子中，有一个小女孩倩倩最让人省心。

在红色小孩的课上我忙着吸引其注意力，搞气氛，而倩倩的每节课我基本上不用想办法调动气氛，只需要告诉她，今天这节课要完成什么内容，课后弹几遍。每次我想尽量讲得生动些时，她面无表情地对我说："可以开始了吗？弹几遍？"

以前我觉得这个小不点怎么那么酷，是不喜欢钢琴还是不喜欢我？

后来才知道她是黄色。黄色孩子在表达上就是这样直接，如果她不愿意学，觉得对自己没用，没人强迫得了她来学。

听她爸妈说，之前她对钢琴完全没有兴趣，直到有次她在电视里看到郎朗，从此以他为偶像，更确切地说，是以郎朗为目标。她让爸妈替她找了钢琴培训，自己设定了目标。这个娃最让我不头疼练琴的问题，说好练几遍，她就会练几遍，家里人也完全不用操心。黄色孩子对于目标是明确且坚持的。

婷婷跟随我学琴至今已经快七年了。记得当时她刚要从幼儿园迈入寄宿小学，我按照以往的教学经验，给她妈妈"打预防针"说："婷婷进入寄宿学校，一周只回来两天，练琴的进步速度可能会慢很多。"

她妈妈跟她讨论确立了一个目标：在小学期间考出钢琴十级。其实我觉得，这个目标对于寄宿在学校没人管束，且没条件天天练琴的孩子来说太难了，极其考验孩子的自觉性。不料婷婷答应了，也做到了。

小学前三年，她的学琴进度丝毫没有因为寄宿而落下。

到了四年级，她问我："老师，我想考级，想知道自己到什么水平了？”

我根据她的能力，定了六级。经过一个暑假的努力，她成功考过六级。

五年级暑假前，她自信地和我说：“老师，我想今年考八级应该是没有问题的，请给我挑选一下备考曲目。”又一个暑假过去，她手里多了张八级证书。

今年，她六年级了，正在备战最高级十级。

你觉得像这样的孩子，她的目标能完成吗？她是迄今为止我们培训中心里唯一就读寄宿学校还能取得如此优异成绩的孩子。不得不说，是她天性中的黄色帮了很大的忙。**黄色孩子以目标为导向，为考级成功，她可以做到很多同龄人做不到的，利用一切可以练琴的时间，牺牲玩乐和休息时间，向老师和学长讨教考级技巧，最终把不可能变成可能。**

绿色性格孩子：循序渐进，养成习惯

有的孩子对待学琴不会激情万丈，也不会偶尔闹情绪，抱怨太枯燥、太难。

对于琴童兰兰，起初我都想放弃她，能用的办法我都用上了，但还是不明白前一个小节才弹过的音符，到了下一个小节她完全不认识。一些简单的曲子，练几遍，她还能胜任，但一些复杂的曲子，她总不愿去练习。你鼓励表扬她，她也不表现出高兴；你严厉一些，她也表现得淡然。

后来我找她妈妈配合我，我们商量好不给她压力，即使学琴的进度慢一些都是没有关系的。每节课的内容只增加一点点的难度，而且只要有一点点进步就表扬她，功夫不负有心人，前期基础阶段虽然比其他孩子慢一些，但是兰兰懂了，开窍了，后来，一年一个台阶，参加各类钢琴比赛均能获得优异的成绩，三年后已然到了八级左右的程度。钢琴提速的同时，她妈妈惊喜地发现，原本她对不思进取的女儿不报什么希望的，可慢慢地，她在学校的成绩提高了，从三四十名上升至前十，甚至前三，性格也自信开朗了很多，还参加了很多活动。到去年，她以优异成绩考入公办班的时候，她妈妈对我无比感激，但其实更应该感谢的是她自己多年的坚持和宽容。

对待绿色孩子不能急躁粗暴，要慢慢引导。比如让她养成每天练琴的习惯，不要一下子给太难的任务，要从小的简单的任务开始逐步巩固知识点，逐渐增加难度，让她在一点点进步中找到成就感。

所有学不下去的孩子99%都是面对困难逃避退缩。当然可以坚持到底的，很大一部分原因在对待学习的态度上。没有家长做稳定剂、助推器，老师再优秀都无法激发出孩子的潜能。教琴是老师的事情，学琴是孩子的事情，但是学到的多少则与我们的家长有关，前面所说到的兰兰的妈妈如果不了解自己的孩子性格天生就是四平八稳的，萱萱、王子的妈妈不能配合老师的计划安排，还有婷婷妈妈对孩子性格的了解，可能就会成为冲锋陷阵中倒下的一员。

教琴至今，我最怕看到证书是孩子用不快乐的童年换来的。急于求成的填鸭式教育让不同性格的孩子被套进一个模子里，不得自由发挥。性格色彩这一实用工具，帮我洞察孩子的性格，因材施教，在我的教学中给予了明确的方向。我最欣慰的是看到孩子从哭闹着不肯学，到由衷地爱上钢琴，相信这也是琴童爸妈们最想看到的。

【学校】

幼儿园老师如何因色施教

文 / 李梦延

性格色彩认证培训师、鲱鱼宝宝儿童早教机构副总裁

每年九月，幼儿园门口都会上演“别让我上学”的哭闹大戏。宝宝们一把鼻涕一把泪，家长则大多采取简单粗暴的狠心分离法，但效果欠佳。

今年，我尝试将性格色彩应用到幼教工作，发现宝宝入园的各种不适应状况明显减少了。

开学第一天早晨八点，幼儿园老师已候在门口。

红色性格宝宝：情感关注第一位

“妈妈，我不要去幼儿园，你也不要去上班嘛！”妞妞从车上一路哭闹到车下。

妈妈已经习惯了这样的戏码，没理会妞妞，拉着她径直走向幼儿园。到了门口，妈妈顺手给妞妞擦了擦眼泪，准备把她交给老师。不料妞妞的情绪瞬间爆发，赖在地上撒泼打滚，高喊着："老师你放开我！妈妈你别走，妈妈再抱我一下吧！"老师安慰也不成，妞妞更加声嘶力竭，甚至为了挣脱而踢打老师。老师犯了愁，只得把妞妞妈叫回来。

看着泣不成声的女儿，妞妞妈怎么也想不通，她平时胆子挺大的呀，上次开放日和小朋友们也玩得很好，关键时刻怎么就这样了呢？

老师在一旁支招："要不你先抱抱妞妞，做下她的思想工作。"

妈妈安抚道："你是大女孩了，大女孩都要去幼儿园的。幼儿园多好玩呀……刘老师你认识的呀，她可喜欢你了！"

妞妞抬头看看刘老师，又靠在妈妈肩上抽泣："我不想上幼儿园，我想你陪我，我想回家。"

"妈妈也想陪你呀，但妈妈要上班，不上班就没钱给你买玩具了。妈妈再抱你一会儿，你就和刘老师去教室好吗？"

妈妈用力抱了抱妞妞，又亲了亲她。十分钟后，妞妞的情绪总算趋于平复。妈妈真要走时，妞妞又哭闹起来，但她知道大局已定，只是拉着妈妈的手，要求再亲亲，一边说"早点来接我"，一边跟着老师进了教室。

进了教室，妞妞断断续续地哭闹着，看到好玩的东西就会被吸引过去，开心就放声大笑。其他小朋友一哭，她也跟着哭。这又哭又笑的，翻脸比翻书还快。

几周后，妞妞多了很多好朋友。老师表扬她上课发言踊跃。妞妞被表扬之后表现更好了，积极参与班级文艺表演。妈妈说："她呀，回家就不停地讲哪个老师又夸她了，哪个小朋友又和她要好了。"

红色宝宝性格开朗，喜欢与人互动。对新鲜事物容易产生兴趣，但长性不足。爱表现，渴望得到关注。如果长期得不到外界的表扬和肯定，就会失落、压抑、逃避。所以，家长要给予红色宝宝较多的情感关注，不仅是语言上的情感表达，还可以是肢体上的，比如抱抱、亲亲。这样他们才能充分感受到被爱、被认同，从而产生安全感。

红色宝宝入园初期，家长可以配合以下三点：

◆ 充分的铺垫

入园之前，家长要多带宝宝参加幼儿园开放日活动，熟悉环境和带班老师，最好有相熟的小朋友在同一个班。熟悉感能安抚红色宝宝的紧张情绪，让其在情感上找到支撑。

◆ 提前准备生活技能

幼儿园要求宝宝更独立地完成一些基本生活技能，如独立吃饭、上洗手间、穿衣服等。这些若在家提前演练，可帮助宝宝更快适应幼儿园生活，因此获得老师的表扬，红色宝宝也会表现更好。相反，如果因为生活技能跟不上其他小朋友，挫败感会让红色宝宝逃避幼儿园。

◆ 及时具体的表扬

红色宝宝喜欢得到认可和赞美。但家长要注意表扬的方式，不要概括性地表扬“你真棒”“你真厉害”。这会让红色宝宝不知所以，起不到激励效果。家长的表扬应该具体到某一件事，比如“你今天真勇敢，自己走进教室都没哭！”或者“老师夸你了，说你帮助新朋友拿玩具，真懂事！”并且，家长的表扬要及时。

蓝色性格宝宝：无言但希望你懂

距离幼儿园大门还有十几米，浩浩眼含热泪看着妈妈，妈妈避开了浩浩的眼神，拖着他快步向前走。

走到门口，老师招呼道："浩浩，来，测个体温。"浩浩低头不语，把头深深埋进妈妈怀里。妈妈试图放下他，他却死死抓住妈妈的衣服，满脸泪水。

几次强硬分离失败后，妈妈把他抱到边上："咱们昨天不都说好了吗？怎么说话不算数呢？"浩浩的眼泪吧嗒吧嗒流下来，但还是不吭声。"你看乐乐比你小都自己上幼儿园，还不哭！幼儿园那么多小朋友陪你呢……"妈妈苦口婆心说了一堆，浩浩一直不讲话，过了五分钟才委屈地说："可是幼儿园没有妈妈！我想妈妈陪我！我要狗狗（浩浩非常喜欢的毛绒玩具）和我一起上幼儿园。"

妈妈心领神会："那这样好吗？妈妈今天第一个来接你。我们再问问老师明天能不能带狗狗来幼儿园。今天你乖乖的好吗？你看乐乐在和你招手呢！"

浩浩："那拉钩钩，妈妈第一个来接我！"

妈妈转身要走，浩浩又拉着妈妈的衣服跟着走了一段。在妈妈的再三安抚和其他小朋友的热情召唤下，浩浩才放开妈妈，还再三叮嘱妈妈要第一个来接他。

这天，浩浩没有大哭大闹，但就是闷闷不乐。他不主动找人玩，对新鲜事物也没什么兴趣。

之后的半个月，浩浩妈反映说，宝宝晚上常做噩梦，惊醒后抱着爸妈哭好久。他每天早上不声不响，拉着爸妈的手不放。这种情况持续了很久。

入园第一个月，老师表扬浩浩做事非常仔细，每次玩完玩具都原样收拾好。中午吃饭，他帮老师发碗和勺，有条有理，摆得整整齐齐。每次吃完饭，他的桌子最干净，碗里都不剩米粒。幼儿园做手工，其他小朋友抓到什么是什么，浩浩要把剪刀、胶水、纸张都准备好才开始。画画从没一点颜色涂到框外。老师们都感叹："这孩子怎么教的，这么守规矩。"

家长说他从小就这样。家里的东西，有人动了他就会不高兴，一定要原封不动摆回去。馒头上有个小黑点，墙面上有个铅笔印，他都会弄干净。两岁时，他就会把家里的玩具车、玩偶、积木等规整地分类。但对于一些创意活动，如玩沙子、颜料画，他需要适应很久，并且玩一会儿就要擦手，衣服有点脏就要换。

蓝色宝宝情绪内敛，不愿表达。在与他人的互动中，更希望用行动或暗示的方法表达。蓝色宝宝对自己要求很高，关注细节，要求完美。上课时，虽比不上红色宝宝的反应迅速，但蓝色宝宝思考很久给出的答案质量很高，要超出同龄宝宝的简单思维，像个小思考家。

蓝色宝宝入园初期，家长可以配合以下三点：

◆ 建立可执行的流程

蓝色宝宝重视规范和秩序，家长可建立两套完善的流程。

1. 每日告别流程：入园前，和妈妈玩一个游戏，抱一下，亲一下。每天严格遵守这个流程，会大大降低蓝色宝宝的不安全感。

2. 接送流程：家长为了哄宝宝，可能会答应第一时间来接。要注意的是，遵守约定和规则的蓝色宝宝会深深记得家长的承诺。一旦家长没有兑现，他就会闷闷不乐，甚至不再相信家长的话。

◆ 介入安抚玩具

蓝色宝宝会比较久地沉浸在分离的情绪中。过渡期里，可以从家里带一些宝宝熟悉、喜欢的玩具陪伴他们，比如浩浩的玩具狗就能很好地安抚他对新环境的陌生感。

◆ 提升做事速度

蓝色宝宝可能由于追求细节，忽视了效率。因此，家长可多以游戏形式和宝宝比赛，提升他做事的速度。或者和幼儿园老师沟通一下，让蓝色宝宝提前一两分钟准备，这样能保证他在规定时间完成任务，也避免过于仓促给他们带来的焦躁。

黄色性格宝宝：对我有好处我就做

“我就不上幼儿园！”小亮死活不肯下车。

“乖，快下车，爸爸等下还要上班。”爸爸一脸不耐烦。

“我就不上幼儿园！”小亮完全不吃爸爸这一套，两个人在马路边僵持着。妈妈坐在副驾驶上一言不发。

五分钟后，爸爸没了耐心：“你下不下来！再不下来我就打你啦！”

小亮看着爸爸，嘴上不甘示弱：“你打我，我就告诉奶奶！”

爸爸正要上前拉小亮，妈妈赶紧回头好言相劝：“乖儿子，听你爸的话，你回来，妈给你买大汽车。”听到有他最喜欢的大汽车，小亮配合地下了车。他大摇大摆地走在前面，爸爸跟在后面。

幼儿园门口，爸爸转身要走。小亮上前拉住爸爸，原以为儿子想表达一下不舍，谁知他扑闪着大眼睛问：“妈妈刚才说，我今天上幼儿园，她就给我买大汽车，对吗？”爸爸有点失落，儿子念念不忘的是大汽车啊。“对呀，你今天吃饭拿到小红花，我下午来接你就带你去买……你看晨晨都跑进去了，人家动作那么快。你赶紧的！”小亮也不和爸爸再见了，撒腿就往教室跑，边跑边回头看，是不是把晨晨甩在了后面。

这天，小亮沉浸在对新玩具、新环境的探索中。看到旁边哭个不停的妞妞，就像小大人一样安慰道：“别哭啦，再哭你妈也不会来接你。等你睡醒了，他们就来啦！”

入园一个月，老师评价小亮是“孩子王”。看到一排散落在教室的小椅子，小亮就一声令下：“我们搭火车吧！这边当头，那边当尾。杭杭，你去把那个椅子搬过来……妞妞，不对，你放错了，要放这边！”在他的带领下，小火车搭好了。小亮自然成了车长。

小亮也会为了争一个玩具和小朋友大打出手，老师批评了还死不认错，告诉家长也没用，第二天他变本加厉地和告状的老师对着干。

所有活动中，小亮最喜欢竞技类，不论跑步还是算数，他都要拿第一。一次，组里某个小朋友跑慢了，没拿第一，小亮直接指责他：“你怎么这么慢，下次你别和我一组！”小朋友被他说得大哭，小亮全然不在乎。

黄色宝宝自信，喜欢迎接挑战，各方面表现突出。特别在竞技活动中，他们不服输，不放弃，争强好胜。他们喜欢控制或者命令其他小朋友，不太关注别人的感受，易给人造成压力。

黄色宝宝入园初期，家长可以配合以下三点：

◆ 建立任务挑战记录表

黄色宝宝喜欢挑战和完成任务。任务记录表一方面能给宝宝设定目标，另一方面也可以让他们体会到完成任务的成就感，产生更好表现的动力。例如：准时起床、按时吃完午饭、帮助同学，都能得一朵小红花，当小红花累计到一定数量，就可以提一个合理要求。

◆ 帮宝宝学习关注他人感受

黄色宝宝身后总有追随者，但他们光顾着达成自己的目标，无形中可能伤害或者吓跑其他小朋友，导致被孤立。所以，家长应培养黄色宝宝换位思考、注重别人感受的能力。

◆ 授权胜于批评

黄色宝宝天生不服输，喜欢挑战权威。强硬的方式只会激发他们的逆反心理。所以家长可以有技巧地把批评转化为激励——带有目标感的激励。不说"老师说你上课又捣蛋了"，而说"老师说你手工完成得很快，妈妈想如果你下次更专注些，肯定可以完成两份手工。刘老师说，你下次要是完成两份手工，就可以当手工组小组长了。"

绿色性格宝宝：性情稳定的听话乖

佳佳跟随妈妈朝幼儿园走去，小手一直紧抓妈妈的衣角。

到了门口，妈妈蹲下身来："宝贝，听老师的话哦！妈妈下班就来接你，好吗？"

"好的。"佳佳含着眼泪低声回答。

“哎哟，不哭啦！哭就不漂亮啦！你再哭，妈妈要伤心啦！”

佳佳听到妈妈要伤心了，马上抹掉眼泪：“妈妈，我会乖乖的。我会想你的。”

刘老师给佳佳测了体温。佳佳虽然很伤心，但没有任何反抗；虽然舍不得，她还是和妈妈告别了。

这天，佳佳始终跟着老师，老师要求做什么她就做什么。自由活动时间，她要么一个人在角落发呆，要么就乖乖把玩老师给的玩具。钢琴声响起，老师说收拾玩具，佳佳就乖乖地收拾好玩具，然后拿个小凳子坐在旁边。一天下来，老师的评价是：“这宝宝真乖！”

一个月后，老师对佳佳的评价除了乖就是听话，她安静到大家都忽视了她的存在。佳佳从不捣乱，也不和其他小朋友争抢玩具。有几次佳佳先拿了玩具，见其他小朋友要玩，她便心甘情愿把玩具让了出去。别的小朋友闹别扭了，佳佳会把他们的小手拉在一起说：“别生气啦！”

老师发现佳佳对什么都表现得无所谓，从不像其他小朋友那样提要求。对于竞技活动，她只在一旁观摩。虽然听话，但她做事比较拖沓，小红花、小贴纸都无法激起佳佳的斗志，她不羡慕也不眼红，有了很好，没有也无所谓。

绿色宝宝生性平和，情绪平稳。集体中不太引人注目，喜欢一个人静静地玩。他们害怕发生冲突，经常充当和事佬。他们很少提要求，甚至面对老师、家长的询问，也不敢表达自己真实的想法，总说“随便”“都可以”“我也不知道”“你定吧”。

绿色宝宝入园初期，家长可以配合以下三点：

◆ 鼓励宝宝表达真实想法

绿色宝宝的存在感不强，但不代表他们没需求。他们希望人际关系和谐，总把别人的感受放在首位，不敢表达自己的真实想法。家长可以定期举办家庭小剧场，让宝宝做主角，鼓励他们勇敢表达心声和想法，无论对错，家长都要鼓励。

◆ 耐心对待拖延

面对绿色宝宝的拖沓，家长需要给他们充分的预热时间，不要一下子给他们很多任务。给出一个任务，交代清楚具体事项和做事方法。待这件事完成后再告知下一件事，逐渐培养绿色宝宝的做事能力。

◆ 分小步慢慢进步

面对压力，绿色宝宝会因为怕麻烦而退缩。激将法、鼓励法都无法推动他们。最好的方法是将大目标分解成为若干小目标，将大项目分解为小任务，让宝宝按照具体步骤一步步来，每有一点进步就予以鼓励。

宝宝是上天送给我们的小天使，但上天忘了附送我们一份教育手册。在摸索教育方法的征途中，了解宝宝的性格是首要任务。知道宝宝要什么，不要什么，自然就能让宝宝不哭。

【学校】

中小学老师怎样听懂孩子内心的声音

文／张厚超

性格色彩认证演讲师、中国教育学会会员、家庭教育高级指导师

从事教育工作以来，我一直在思考，我们到底可以怎样帮助学生成长？他们真正需要的是什么，我们懂得吗？

如何帮助备受欢迎的孤独孩子？

一次，珠海某中学邀我去上一堂心理健康观摩课。

课上有一个互动环节。我告诉学生："写出几个你们生活中遇到的困难，想一想谁能给你们及时有效的帮助，按照被帮助程度的大小由内往外分别写在四个同心圆里，要具体到名字或称呼。"

我发现全班三十位学生中，小A出现在大多数同学的名单里，也就是

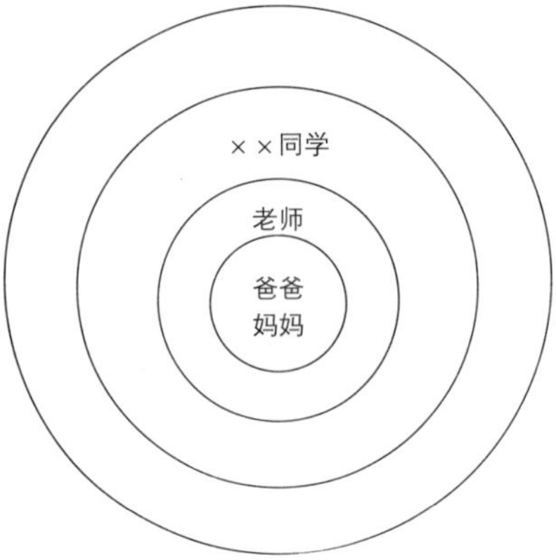

说，这个学生经常帮助大家，而且深得同学信赖。我对小A非常好奇，在班主任的帮助下，我查看了这位男生的同心圆名单，结果让我大吃一惊。因为在最内的那个圆里除了“奶奶、妈妈和豆豆（一只小狗）”外再无他人。我心中打了个大大的问号，为什么这样一个乐于助人的同学内心深处如此孤独？

和班主任做了简单交流，了解到这孩子家境特殊。小学四年级，他爸爸因一场意外去世，奶奶身体又不好，三口之家全靠妈妈外出打工艰难支撑。原本活泼开朗的小A变得内向，不再爱说话，成绩也一落千丈。但他骨子里依旧热心，积极主动，几乎每天留下来帮同学做值日。

接下来，我告诉全班，有位同学的名字出现在大多数同学的名单里。同学们窃窃私语，讨论着是谁。

“大家都想知道是谁吗？”我故意卖了个关子，然后大声报出小A的名字，邀请他站到全班同学面前。掌声四起，小A在大家关注的目光下，变得非常腼腆，满脸通红还不时咬着嘴唇。

“请刚才写到小A的同学站起来。”我话音刚落，班里十八位同学齐刷刷站了起来，“也请你们站到前面，用你们认为最真切的方式表达或回馈曾给予你们帮助的小A！”

十八位同学站成一条长龙。第一个站到小A面前的是个男生，他伸出拳头亲昵地击在小A的左肩：“谢谢你，小A，我喜欢你的真诚，感谢你的帮助！”话音刚落，教室里又一阵掌声。

第二位也是男生，什么也没说，紧紧地拥抱了小A。我在一旁，清楚地看到小A嘴唇微微颤动，他被触动了。

第三个上来的，是个漂亮的女生，还是班长。只见她大大方方地注视着小A的眼睛，微笑说：“说实话，我和好多女生都喜欢你。因为一个乐于助人，每天能把打扫卫生这样小事做好的人，就是有责任、能担当的真正的男人！我相信这样的人也能把其他的事做好！谢谢你，你是我们的骄傲！”班长的话赢得全体师生的热烈掌声，也赢得了小A深深的鞠躬和再也忍不住的泪水。

就这样，在一阵又一阵的掌声中，十八位同学都用各自独特的方式向小A表达了谢意。小A不住地擦去强忍的泪水，鞠躬感谢。在场的老师和同学们潸然泪下。

我紧紧拥抱了小A，大声叫出他的名字，让全体同学一起回应：“我们爱你，我们支持你，我们需要你！”

一个月后，班主任打电话给我：“张老师，小A这孩子就像变了个人。不仅热爱交往、开朗活泼了，而且学习也积极主动了，课堂上反应迅速，表达力超强，这是我从没感觉到的。我觉得这才是他真正的生命状态。家访时他妈妈也激动地说，我们家小A又回来了……”

对于红色的小A来说，生活的不幸遭遇让他变得压抑封闭，现实的学业落后让他备受忽视，心生自卑。但红色的需求始终不变，需要被认可、被关注，想拥有良好的人际关系。追求快乐永远是红色的行为动机。明白这一点我们就不难理解，为了归属于这个集体，小A想通过力所能及地帮助他人，找到自己存在的价值，从中感受人际互动的快乐。当小A被同学们充分认可和欣赏时，他的防御和孤独才被释放，重新恢复了红色的生命活力，变得积极热情、乐于表现。

如何搞定拐弯抹角的固执学生？

学习成绩好却不受欢迎，做事有条理又磨蹭较真儿，沟通起来总琢磨不透他的心思……这样的孩子是什么性格，有心理问题吗？如果你也是面临这种苦恼的家长或老师，可以听听小洁的故事，跟我一起走进蓝色孩子的世界。

镜头一

小洁的妈妈一直对乖巧懂事的女儿很放心。唯独一点，女儿的心思藏得很深，不愿直截了当说出来，妈妈总是很难猜透。

一次，小洁妈妈打电话找到班主任，着急地问：“我们家小洁昨天在学校发生了什么吗？放学路上她闷了一路，回家饭也吃不下！”

班主任也很疑惑：“她什么都没和你讲吗？”

小洁妈妈想了想说：“她就问我，评选得票多是不是就代表同学喜欢？我说是啊，老师同学都喜欢优秀的学生啊，她好像就不太开心了。”

班主任这才想起，昨天口语交际课上练习了《学会赞美》，老师让同学们在小组内评选“赞美之星”，说说生活中哪些同学经常赞美他人，欣赏同学的优点。身兼两职、学习优异的小洁，得票却不如成绩平平的同桌。

妈妈疑惑，这也不算大事啊，孩子咋不直说呢？

蓝色在意别人的看法和评价，小洁没有把评选“赞美之星”的事直接告诉妈妈，是希望通过拐弯抹角的提问，让妈妈读懂自己的失落与沮丧，进而安抚其内心强烈的不安全感，但事与愿违。这也给蓝色孩子的父母和老师提出一个要求：要耐心倾听孩子的心声，细致捕捉孩子行为背后的需求，呵护他们敏感多疑的内心。

小洁是学习委员又是小组长，说明她成绩优异，深得老师信任。但是蓝色注重细节，追求完美。在平日的学习中，小洁认为，同学们做对的地方是理所当然的，而对于做错的同学，只有不断地要求和批评才可以帮助他们进步。小洁因此吝啬赞美，不擅长表达对同学们的欣赏，再加上平日不苟言笑，给同学们距离感，得不到“赞美之星”也是理所当然。

镜头二

小洁的课桌总是那么干净。自习课上，她把文具摆放整齐，又细心地抹平折了角的作业本。据老师观察，小洁有一个小本子，每天都会事先列出详尽的作业计划。

这个月，小洁又获得了三张“作业小标兵”奖状，老师看着一笔一画字体工整的小洁，不禁心生感叹：每次她稍有不满意就擦了改，改了擦，难得有这么小年纪就懂得精益求精的，当然了，如果小洁做作业的速度再快些就好了。

不料今天写到一半，小洁就停笔了。原来旧的作业本用完了。

老师关切地问：“有带新的吗？”

小洁点点头。

老师说："那用新的作业本继续抄好啦。"

小洁摇摇头。

她拿出新的田字格作业本给老师看："早上妈妈买的。"

"怎么了？"老师丈二和尚摸不着头脑。

小洁把两个本子摊在一起，老师才发现新买的田字格是一行10格的。平时学校惯用的田字格是一行 9 格的，左右各写 4 个字，正好中间空一格。

老师想了想说："实在不行，你就中间空两格，一边各写 4 个字。"

于是，小洁写了起来。

不曾想第二天小洁交上来的是一行9格的作业本。

事后，据小洁妈妈讲，昨天女儿一回家就要求她买新的作业本，一行9格的，才称了小洁的意。小洁认认真真在新的作业本上重新抄了一遍作业。

这里再一次见证了小洁拐弯抹角的表达方式。不直接说出自己的想法，喜欢让老师和家长猜。

蓝色做事充满条理和计划，对自己和他人都是高标准、严要求。这在小洁身上也得到了充分体现，也是她课业优秀，多次获得"作业小标兵"的原因。

小洁的故事也再次向我们传递一个信息：性格没有好坏，只有差异，每种性格都有各自的优势和局限。而小洁的局限就是过于专注细节，死板不懂变通，不喜欢打破既定的原则和计划。生活中，我们也经常由于对他人性格的不了解，以己度人导致冲突、出现沟通障碍。

如何征服总是顶撞的逆反学生?

教师培训两周后，一位小学班主任反馈了最近他感受最深的一句话：“因‘色’施教，才是真正的以人为本！”

接着，他讲述了他和学生小C的故事：

一次，有几个学生的语文作业错得太离谱，书写也不工整，上课时我就准备拿这事作导入，杀一儆百。

正在兴头上，突然传来小C的声音：“老师，你别耽误时间，直接讲新课吧！我们又没错！”小C的话仿佛有巨大的魔力，教室里的空气霎时被凝固了。

这还了得，你这五年级的毛孩子就敢给我添乱叫板！真是一波未平，一波又起。我顿时火冒三丈，猛地一拍桌子：“你说什么？站起来，你再说一遍！”

小C不但不站起来，嘴里还嘟囔着：“哼，我们又没错！”

“小C！你，给我站——起——来！”我一字一句地说，情绪也爆到了极点。

也许是迫于压力，小C霍地站起来，一脸的不屑，大有“我自横刀向天笑，去留肝胆两昆仑”的豪迈与壮烈。

课后，我又把他叫到办公室，不依不饶希望他能认错服软。小C则一言不发，以不变应万变，弄得我最后不得不甘拜下风，草草收场。放学时，我还发现自己的电动车“意外”没了气。

其他任课老师也反映小C虽然课堂反应快，成绩也不错，但是学习态度不够好。他不是对简单的问题不屑一顾，就是在课堂发言毫无拘束，根本不走举手回答的“程序”。说起话来直截了当，有时还咄咄逼人，颇有“我的课堂我做主”的气势。

后来对照不同性格色彩的特点，我基本判定小C是黄色孩子。黄色孩子目标明确，做事高效，不喜欢被约束和控制。有极强的掌控欲望，具有天生的领导气质。其实，我在课堂上和他硬碰硬，不懂得迎合他的心理需求，只能增加他的逆反情绪，所以最后电动车也被放了气。了解了这些，我有一种豁然开朗的感觉，有惭愧，有接纳，更有行动的方向。

在接下来的教学中，我尝试给小C单独布置有点难度的学习任务，满足他的特殊需求。偶然发现小C的日记："今天的课堂作业，除了可以完成几道公共题，老师还特意让我完成两道挑战题。爽！我感觉我的小宇宙被激活了，这才是我要的感觉，我一定会所向无敌，挑战成功！"是的，黄色孩子特别喜欢挑战有难度的任务，面对挑战他们很兴奋，任务完成后，他们很有成就感，会给黄色孩子留下美好的体验，这同时也是对他们更高级别的奖赏。

另外，从上次的课堂冲突中，我也明白不要试图让黄色孩子口头认错。事实上，只要以平起平坐的方式给他们尊重，讲清利害，他们自然会用行动来表示认同和接受。作为一个不甘被领导的黄色孩子，我建议小C参与纪律班长的竞选，我告诉他这是一个展示自己能力的机会，也是改变自己形象不断进取的阶梯。小C愉快地答应了，而且获得了同学们的支持。我的另一个美好期待是，小C在参与管理班级的过程中也会逐渐明白，只有尊重规则，才能真正赢得权威。对黄色孩子来说，谁给我挑战目标，谁给我解决方法，谁让我觉得强大，我就尊重谁，佩服谁。

教育中，有了和谐的师生关系，学生才会"亲其师，信其道"；教师只有了解不同孩子的性格特点，才会有真正意义上的因材施教。

如何鼓励缺乏上进心的木讷学生？

在学生的素质教育考评手册中，总能看到老师给这一类学生留下批语："某某同学忠厚老实、温文尔雅、遵守纪律、团结同学、关心他人，希望在今后的学习中能够积极主动参与各项活动，努力进取、敢于创新，做一个有独立意识的人！"这些学生多半是绿色。

如果说红色给我们的生活增添激情和快乐，蓝色给我们稳重和信任，黄色给我们勇气和坚定，那么与绿色相处，我们感受到的是轻松、自然、无拘无束。

小申就是这样一个学生，成绩很稳定，一直在倒数第一和第二徘徊。每次见到小申，他都笑眯眯的，不怎么言语，也从不和人发生争执。上课经常打瞌睡，课下也不见他有大动静，人送外号"懒猫"。

新接班时，老师都挺喜欢他，听话，不惹事，服从安排。后来，小申渐渐让老师们头疼起来。他过于安于现状，不思进取，毫无目标可言，即使费尽九牛二虎之力也无法推动他。

课堂上，同学们都在做作业。小申的课本、文具、作业本摆得丝毫不差，可就是不动笔。

"为什么不写啊？"老师问。

"嘿嘿，不会。"话未出口，先见笑脸。

"那为什么不会呢？"

"我笨。"他仍旧咧嘴一笑。

"谁说你笨了？"

"同学们都说，从一年级的时候老师就这样说。"老师问一句，小申回一句，绝不让人心生怒火，但他就是不动笔，哪怕作业简单到只是抄写。

你们说我笨，我就笨；我笨我就不会；我不会我就不写，你们干脆放过我吧。这就是小申的思维逻辑，这是绿色在长期的挫折体验和负面评价中建立起来的自我意识。心理学把这种学习行为定义为假装无能，他并不是真正的无能，只是借助这种表现逃避责罚和失败体验。有人说，小申就是“习得性无助”的形象代言人，可这个代言总让人感觉有些悲凉。

当老师们读懂他的性格特点和心理动机时，达成了这样的共识：

第一，要从习惯养成入手，建立小申自己的评价体系和阶段性学习目标。因为丝毫的压力都会让他恐惧不安，进而失去行动力。“跳一跳，能摸到”对于小申而言，有时需要改成“伸手就可以摸到”。只有目标具体化、可达成，绿色孩子才可以在不断的成功体验中，增强自信，并且获得前进的动力。

第二，创造机会，让他们体验当主角的感觉，在温馨平和的氛围中鼓励他们表达真实想法。因为，绿色不会积极主动，守株待兔对他们来说是最安全的办法，“无所谓”“随便”“还好吧”是他们的口头禅。

怎样激活小申的行动力呢？班主任老师精心策划了一次班会。

班会上，老师问小申：“你希望大家怎样对待你，你只需要坐在位置上回答就好，一个词也可以。”

小申愣了半天，给出的答案是“友好”。

接着，老师说：“生活因友爱而美好，谢谢小申的真实想法，真实最可贵，友好最可贵！这次班队活动主题就叫《友好》，让我们把最热烈的掌声送给小申，也希望大家用友好的方式和小申交流。”

因为一句“友好”，小申也收获了生平最美好的感动。

当绿色表达出真实想法时，鼓励他们去实施，在行动中获益，就能不断提高他们的能动性和对目标的控制感。

第三，放慢指令速度，学会等待，不要说他们笨。小申这种看似了无生机的懈怠，不是真正的身体疲倦，而是心理上一种什么也不想做的闲散状态，就像冰封的大地等待春风的呼唤。对待绿色孩子，如果我们能多一点耐心，多一些宽容，等到小申对自己宣告“我准备活出真实的自我”时，他就会告别过去，拥抱属于自己的春天。

教育，不是把所有学生都往一个模子里套。因为每一个个体的成长都历经了太多故事，我们不了解，就无法走进他们的心门。性格色彩恰恰是一把通往学生心门的钥匙。

帮助学生打开心结，就是帮助他们回归本色，活得真实而漂亮。

第五篇 5

文艺篇

色眼看电视——从《花千骨》看相反性格的虐恋

文/陈霄轶

性格色彩演讲师、咨询师，美国佩斯大学会计硕士

《花千骨》这部仙侠剧引起了观众的热烈反响，剧中的花千骨跟白子画的师徒恋牵动万千观众的心。明明相爱的两个人，为什么就是不能愉快地相处？白子画为何就是不肯承认对花千骨的爱？两人对爱情的态度为何会有那么大的区别？一个又一个的问号，在观众的心中久久不能散去，而这一切，也许可以从性格色彩中找到答案。

花千骨：红色性格，活泼开朗，单纯善良，渴求获得关注和认可，第一眼看到子画便被他深深地吸引，从此坠入爱河，希望能和子画过上快乐的生活。

白子画：蓝色性格，深沉内敛，责任感强，重视公平和原则，以保护天下苍生为己任，当责任与爱情冲突时，内心无比纠结和痛苦，却不愿意向外吐露，而是一个人默默承受一切，做着他认定对的事情。

红色的女主角和蓝色的男主角，因为生活习惯、表达方式、理解角度以及思维模式的巨大差异，造成了一系列的误会和碰撞，使得本来美好的爱情变成了凄美的虐恋，下面我们就来看看这些差异是如何形成的。

生活习惯不同

千骨成为子画的徒弟，搬入绝情殿开始和师父一起生活，早上醒来，兴奋地在殿内又跑又叫，又笑又跳，直夸绝情殿漂亮，还在殿内大声呼喊着："师父，师父，你在哪儿？"当她终于在书房门口见到子画的时候，激动地冲进去行礼："弟子拜见师父。"正在专心阅读的子画头也不抬："不需要了，没什么事不要打扰我。这本七绝谱你要自己背熟，不许给别人看，不许让别人解释给你听。以后在绝情殿里，不许大喊大叫，师父怕吵。"看着师父冷若冰霜的脸，听着那一连串的不许，千骨的心情从进来时的兴高采烈迅速转化成了失落，默默离开了书房。

红色情感外露，看到绝情殿那么漂亮，就兴奋地想要大喊大叫，抒发自己的情绪，然而蓝色却偏偏喜欢安静，不喜欢别人大吵大闹；红色乐于和别人互动交流，希望别人关注自己，当千骨前去行礼时，多么希望师父能看自己一眼和自己说说话，但是蓝色却不像红色那样容易分心，而是仍然沉浸在自己的书中没有抬头；红色向往轻松快乐的生活，不喜欢被束缚，但是蓝色却习惯性地制定规则，并往往用负面词汇说话，在一开始就用一系列的不许，限制了千骨的自由。这短短的一段对话，红色的千骨情绪急转直下，郁闷统统写在脸上，而蓝色的子画却一直面无表情，但不要以为他没有感觉，蓝色的敏感细腻一点也不亚于红色，只是他们的情绪很少写在脸上，往往深埋于内心。

在现实生活中，我们也能看到红色和蓝色生活在一起后，因为生活习惯的不同而引发种种矛盾。

好友小红曾向我抱怨她的蓝色男友：“每天下班回到家，他都要把我放好的鞋子拿过去重新摆成一条更直的直线，收拾完房间，他总要拿着抹布再擦一遍，晚餐后我跟他说说好玩的事情，他却总是板着脸说要阅读财经新闻。我觉得我在他面前做什么都不对，情绪特别压抑，鞋子有必要摆那么整齐吗？桌子有必要擦那么干净吗？两个人每天晚餐后不就是应该甜言蜜语说笑玩闹吗？看什么财经新闻啊？我觉得他老在挑剔我，心好累，好想找个借口和他大吵一架，但又似乎说不出他错在哪里，他总有他的道理，虽然我知道他很爱我，但是和他生活在一起实在太累了。”

相爱之初，只觉得情投意合，相处之时，才发现生活习惯的不同会造成那么多的矛盾。红色觉得蓝色过于死板苛刻，蓝色觉得红色过于自由散漫，你看不惯我，我看不惯你，到底该怎么做，才能让两个相爱的人能好好相处呢？

对于红色而言，首先要能理解蓝色的高标准严要求并不是在针对自己，沉默不说话也不是因为不高兴，而是缘于蓝色的天性，同时要努力修炼自己，配合蓝色的习惯，把物品摆放得更整洁；对于蓝色来说，要及时鼓励红色的点滴进步，而不是一味挑剔指责，因为鼓励和认可，能让红色更有动力去修炼提升。

表达方式不同

千骨对子画的爱溢于言表，她种植子画喜欢的花，做饭给子画吃，要求子画陪她一起进餐，希望能让子画多陪陪她，还不断地询问子画是否好吃。然而，子画对千骨的爱，却是深埋心底，他深知千骨是自己的生死劫，如果留在自己的身边，必定会经历很多磨难，所以他当众用断念剑重伤千骨，又在深夜一个人来到千骨身边，抱着她黯然神伤："我出手伤你，是要让你用心恨我，你越恨我，离我越远，就会活得越好。"

对于红色而言，爱情就是你陪着我，我陪着你，两个人在一起，快快乐乐地生活，但对于蓝色而言，爱情不仅仅是眼前短暂的陪伴，还要考虑很多未来的事情，在考虑的时候，蓝色思维又往往比较负面，总想着万一自己的师兄要杀害千骨怎么办？万一某一天自己控制不了局面帮不了千骨该怎么办？万一让千骨留在身边会祸害天下苍生该怎么办？一个又一个的万一，让蓝色处事小心谨慎，希望凡事都先想好应对措施或预防方法，不愿意草率地踏入一段感情。为了对方能活得更好更安全，蓝色的子画宁愿用刺伤她的行为使她伤心失望，从而主动离开自己；另一方面，红色渴求关注和赞美，所以才不断尝试种子画喜欢的画，做子画爱吃的菜，并在餐桌上一直询问："我做得怎么样？好不好吃？"她多么希望能从自己心爱的人那里听到一些表扬，然而，想从蓝色的嘴里听到赞美之词，实在是太难了，面对千骨所做的一切，子画不但没有丝毫的赞赏，反而多有责备，认为千骨做得还不够好，这一是源于蓝色自身标准很高，红色觉得自己做得好的事情，在蓝色看来还远没有达到该表扬的标准，二是因为蓝色内心深处觉得人需要不断地批评和要求才能进步。可是当蓝色一次又一次打击和批判红色后，往往并没有让红色做得更好，反而会打击红色的积极性，引起反效果。

每次听到办公室里小蓝那特定的手机铃声响起，就知道他的女友又展开了夺命连环call。那个大红色的女孩儿，似乎一分钟也不能忍受和男友小蓝的分开，每天都要让小蓝把自己送到公司门口，依依不舍好一阵子才转身上楼，还没走到二楼，就掏出手机拨通小蓝的电话，嗲声道："亲爱的，你爱不爱我？"每当接到这种问话，小蓝都觉得浑身不自在，当着办公室这么多人的面，他尴尬万分，只好含糊其辞，可是话筒对面的她却仍是不依不饶，要求小蓝说些甜言蜜语。

如果她学过性格色彩，就会知道当着办公室人的面说甜言蜜语对于蓝色来说有多难。蓝色更擅长用行动证明，认为做比说更有意义，不愿意过多地表达和倾诉自己，但红色却认为说出来的甜言蜜语极为动听，能够渗入心扉。红色缺乏安全感，往往想通过让对方多说"我爱你"，来证明对方对自己的情感，但是当她逼迫小蓝说甜言蜜语的时候，真的就更有安全感了吗？恐怕并非如此，当小蓝被逼迫的时候，必然心情不爽，给不了好脸色，当红色看到小蓝板着脸不肯说甜言蜜语的时候，内心的安全感更是一落千丈，进一步放大自己的感受，觉得对方不爱自己了。红色的步步紧逼，看似强势，却往往最终把自己逼入了绝路，这显然并不是她想要的，那到底该怎么做呢？

如果红色可以安静地陪伴在蓝色身边，而不是无休止地索要甜言蜜语，就能享受到蓝色温柔细腻的体贴关心；如果蓝色可以理解红色对语言的渴望，明白红色想要互动交流的心情，尽量尝试多说多表达，也能让红色知道自己内心真正的想法，从而降低红色的不安全感。

理解角度不同

当年子画在收千骨为徒的时候曾说：“她，从今日起，便是我长留上仙白子画的徒弟。我白子画此生只收一个徒儿。”从此，千骨就成了子画“唯一”的徒弟，多年之后，子画因犯错被流放，子画的师兄要求子画把幽若收为徒弟，子画依言把幽若纳入自己门下，然后当众宣布她为千骨的徒弟，自己只是代千骨收徒，换句话说，千骨仍然是子画唯一的徒弟。

同样是“唯一”二字，在红色和蓝色的眼中，却有着不一样的理解。对于红色而言，这个唯一，代表着师父对她的重视，她渴望得到师父全部的爱和关照，不希望有旁人来分担。看到子画把幽若纳入门下，她的情绪已经崩溃了，她根本就没有听清后面子画说的这是为千骨收徒，只是满脑子想着师父又收了一个徒弟，师父不要我了，师父不会原谅我了，师父抛弃我了，我不再是师父唯一的徒弟了。红色很容易放大自己的感受，当发现自己心爱的人不再把自己当成唯一的时候，产生了一种一切都不美好了、世界要毁灭了的感觉，导致万念俱灰，别人说什么都听不进去；但在蓝色的眼中，当年的唯一，是一种承诺。蓝色极其看重承诺，既然已经答应千骨只收她一个徒弟，那么今生今世就不会再反悔，哪怕是千骨犯了大错，要受到严厉的责罚，这个承诺仍然不会改变，既然承诺不能违反，师兄的要求又不便抵抗，那最好的办法，就是把幽若代收为千骨的徒弟。

除了“唯一”之外，生活中有很多词语，在红色和蓝色的眼中，其实都有着不一样的含义，比如说：“新鲜”。每个人都想吃到新鲜的水果，但到底怎么样的水果才是新鲜的呢，红色和蓝色有着完全不一样的标准。

某日，蓝女上班前叮嘱红男：“请在今天上午11点前，到吉远市场右边数起第二个水果摊位那里，买两斤樱桃，要挑选表皮发亮的，果梗是绿色的那种，因为那样的才是最新鲜的。”当晚，蓝女回到家，看到桌上放着一堆樱桃，她问红男：“这樱桃你什么时候买的？”

“刚刚买的啊，怎么了？”

“哦，在哪里买的？”

“就门口那个超市，那里面水果可多了。”

“哦，新鲜吗？”

“新鲜，可新鲜了，不信你来尝尝。”

“哦，是吗？”

蓝女说完不再理会红男，一个人转身进了房间。留下红男在客厅一头雾水：“什么意思啊？阴阳怪气的，好好说话不行么，这樱桃不是你要吃吗？我辛辛苦苦去给你买回来，想要讨好你，你还不满意？真难侍候！”红男也不乐意了，他气鼓鼓地走进房间，开始和蓝女冷战，留下一堆可怜的樱桃，躺在桌上无人问津。

明明是买了老婆爱吃的樱桃，但为什么老婆还是不满意呢，蓝女到底在想什么？其实，这场冷战的根本原因，在于两个人对“新鲜”二字的理解不同，在红男看来，这些樱桃没有烂的，非常新鲜，但是蓝女却有着更高更细致的标准，所以她才会在一开始把要求说得那么具体：上午11点前，吉远市场，右边第二摊，表皮发亮，果梗绿色。而这些要求，红男都没有达到，他是傍晚才到小区门口的超市去买的，所以完全够不上蓝女心目中对“新鲜”的标准，虽然买到了樱桃，却无法获得蓝女的欢心。

所以，当我们和不同性格的人相处时，要留心对不同词语的不同理解。蓝色应更多地说出自己的看法，而不是过分追求默契，希望对方什么都能明白，红色则需要提升自己的观察力和敏锐程度，更为细心地听清楚蓝色的具体要求，而不是只听个大概。多交流，多沟通，才能更好地避免因为词语理解不同而产生的矛盾和分歧。

思维模式不同

子画身中剧毒，千骨听说必须集齐十方神器才能为其解毒，便不惜冒着生命危险去搜集神器，然而，当获救的子画了解到千骨在搜集神器的过程中触犯了门规时，决定按照规定对千骨处以八十一根销魂钉的严酷惩罚。其师弟笙箫默问他："你真的想好了要给千骨那么重的惩罚吗？"子画回答："对就是对，错就是错，任何人做错了，都要面对，谁也不能例外。"而在行刑过程中，眼看着千骨受了十七根销魂钉已经奄奄一息，子画自己承担了罪责，承受了剩余销魂钉的刑罚。

红色以情感为重，为了自己所爱的人，甘愿承受痛苦和冤屈，也不惜破坏规则，但蓝色以规则为重，即使面对自己心爱的人，即使对方的出发点是好的，仍然要按规则办事；在红色的眼中，关系是一杆秤，与自己关系好的，付出再多也心甘情愿，在蓝色的眼中，规则是一杆秤，不管是谁，只要违反了规则，都一视同仁，受到公平的处罚。然而，蓝色并不是没有感受，不会理解别人或同情别人，我们可以看到，在千骨受刑的时候，子画的内心同样受着煎熬，当他发现千骨在受刑中承受不住的时候，一方面非常心疼，不愿意看到千骨如此痛苦，而另一方面却又不愿意破坏规则，说好要打八十一根就该是八十一根，最终自己为千骨承受了余下的刑罚。这就是蓝色，用情到深处，却仍旧不失理智要捍卫规则，既要爱情又要规则，为了两全甘愿自己吞下所有的痛苦。

在整部剧中，我们能轻易看到千骨对子画的爱，但如果不细心，却很难发现子画对千骨的爱，甚至可能会觉得子画过于重视规则和道义，总是把爱情排在规则道义之后，常常伤了千骨的心。如果不了解性格，我们会觉得蓝色不近人情，但了解了性格之后，我们就会知道那只是不同性格的不同思维模式和做事习惯。红色情绪外放，喜欢和不喜欢都写在脸上，让人一看就知道，但是蓝色情绪内敛，不轻易流露自己的感受，然而不流露不代表不爱，蓝色往往用自己的行为，去默默地为对方付出一切。

小红和小蓝是一对情侣，他们约好周六下午2点在外滩喝下午茶。2点还差几分的时候，小蓝准时出现在咖啡厅，但是却迟迟不见小红的身影，2点10分，2点20分……一直到2点40，小红才蹬着高跟鞋姗姗来迟。

“亲爱的，不好意思，路上堵车。”小红大咧咧地说道。

过了半天没见小蓝有反应，小红才意识到有点不对劲：“你怎么了？”

“你是几点出发的？”

“大概1点45吧。啊？你该不会还在为这件事生气吧？多大点事情啊，不就晚了一会儿嘛，都跟你说了堵车，至于这么在意吗？再说，男生等等女生也正常吧。”

小红不高兴地抱怨着，小蓝沉默了。这个本应该愉快的周末，就这样变成了一场冷战。

明明应该是一个很愉快的约会，可是为什么到最后却闹成这样呢？这是因为红色和蓝色的思维模式不一样，红色向往自由快乐，生活比较随性，认为迟到不是什么大事，但是蓝色认为，承诺是最重要的，没有时间观念是不能接受的。如果真是意外状况可以被理解，但小红明显出发就晚了，对时间的安排是极其随意的，对约会是不重视的。如果红色和蓝色各自抱着自己的观点，坚持自己的思维模式毫不动摇，两个人就很容易发生矛盾。

想要避免类似的矛盾，红色最好能对自己加强约束，不要过于随性散漫；而蓝色则应该适当放宽自己的标准，不要给红色设置过多的条条框框，在规则内尽量营造一种轻松的气氛，否则红色可就要急着逃到框框外面去了。

同样身处爱情之中，红色和蓝色却像来自两个不同世界的人，有着不同的生活习惯，不同的表达方式，不同的理解角度以及不同的思维模式，如果我们不了解性格，这方方面面的差异就很容易产生误会，导致爱情破碎，但在了解了性格之后，我们就能更好地去理解自己心爱的人，更好地在爱情中给予对方想要的东西。

色眼看名著——诸葛亮的性格悲剧

文/方晓

性格色彩认证演讲师、赛默飞世尔科技高级经理

三顾茅庐，俘获蓝色性格下属的心

诸葛亮，蓝色。

随叔叔诸葛玄避难来到荆州，躬耕于南阳。书上说他自比辅佐齐桓公的管仲、辅佐燕昭王的乐毅。

这就是蓝色的自知之明。管仲、乐毅符合诸葛亮对自我能力的认知，当然也离不开他对天下大势的清晰认识。蓝色虽不出山，已经做好一切调查、准备和自我定位。从结果看，诸葛亮辅佐刘备、刘禅，割据蜀地，和管仲、乐毅正处在伯仲之间。

他生不逢时，关东军阀借着起兵反董、割据一方的时候，他才十岁，等他二十岁的时候，官渡之战已经结束，留给他的选项并不多。

曹操大势已成，谋士如云，孙权的张昭、周瑜体系也已成型，插不进手，靠得最近的亲戚刘表没有大抱负，刘璋他更看不上。

这种情况下，诸葛亮选择等待。蓝色愿意等，为了实现他平天下的政治理想，为了实现管仲、乐毅的政治抱负，为寻求一个理想一致、性情相投、有前途、有空位的主人而等待。就像蓝色谈恋爱，会为了心中的理想爱情持之以恒地等下去。

刘备来到荆州，对诸葛亮是一个机会。

刘备高举“得人心者得天下”的大旗，和诸葛亮的志向符合。刘备早早拥有关羽、张飞两名虎将和浑身是胆的赵云，可就是缺一流的谋士。孙乾、糜竺、简雍都是二流人才。刘备颠沛流离，屡战屡败，屡败屡战，急需有人帮他弄一块根据地。

虽然看上了刘备，蓝色并不主动。相较而言，**红色喜欢毛遂自荐，蓝色喜欢等待伯乐。**《三国演义》里徐庶出场，狂歌于市，引人注目，长铗归来兮，是典型的红色作派。

不主动，不意味着不行动。他的长辈司马徽、好友徐庶分别向刘备推荐诸葛亮。司马徽说：“此地有卧龙、凤雏。”徐庶说：“这个人只能去见他，不能召唤他前来，将军你应当屈尊去拜访他。”

对刘备而言，一个一流的谋士实在太重要了。所以，黄色的刘备以当时天下英雄的人望，正部级的职位，四十八岁的年纪，不惜放下架子，三顾茅庐。

一顾没见着，卧龙岗上遇诸葛亮好友，受了一番打击。

二顾只找到他弟弟诸葛均，声称哥哥不知去向。

其后，刘备挑选良辰吉日，斋戒三天，熏沐更衣，三顾。人倒是在，可惜高眠未起，刘备不敢惊动，立了一个时辰，孔明才醒，醒来又自吟诗，等到童子通报，还不肯见，先要入内更衣。总算落座，又几番推托才道：“愿闻将军之志。”

这既要刘备三顾，又要刘备立等他睡觉，听他吟诗，等他更衣，其实都是蓝色的考试。如易中天所说：“（诸葛亮）绝不肯随便地以身相许，他一定要考验对方，他一定要摆足了架子，吊足了胃口，确确实实证明对方是诚心诚意，他才肯答应。”若能通过层层考察，就容易打动蓝色。

后来，诸葛亮在《出师表》里说：“先帝（刘备）不顾虑我出身卑微，见识短浅，自己屈尊，三顾茅庐，向我征询天下大事，我因此感动奋发，于是答应先帝，为他尽力奔走效劳。”

再来看永安托孤，黄色如何第二次俘获蓝色下属的心。

刘备临死前，把诸葛亮从成都招到永安，对他说：“你的才能十倍于曹丕，必能安邦定国，完成统一大业。如果刘禅可以辅佐，就辅佐他；如果他不成器，你可以取而代之。”

黄色的刘备很懂蓝色的下属，他越是信任，越开诚布公，蓝色越会从内心深处报答知遇之恩。

果然，诸葛亮感激涕零：“我哪敢不竭尽全力，忠诚坚贞，至死不悔。”

诸葛亮在《出师表》里说：“先帝（刘备）知道我做事谨慎，所以临终将复兴大业托付于我。接受遗命以来，日夜忧叹，唯恐托付的事不见成效，有损先帝知人之明。”

鞠躬尽瘁，死而后已。

六出祁山，蓝色性格改变计划太痛苦

隆中对。

刘备问："汉室衰败，奸臣窃国。我不顾自己的德行和能力，想要伸张大义于天下，可是智谋短浅，屡受挫折，到了今天这个地步。但我壮志未息，你认为应该怎么去做？"

诸葛亮的回答可以分四段：

"曹操拥有百万大军，挟天子而令诸侯，我们实在不是对手，孙权据有江东，已历三代，地势险要，人民依附，我们一时半会儿也打不过，但可引为盟友。

"荆州是兵家必争之地，刘表无力守护，这大概是上天送给将军你的，将军可有打算？没打算你来这里干吗？益州天府之国，高祖借此建立帝业。刘璋昏庸懦弱，张鲁割据在北，大家渴望明君——也就是将军你啦。

"将军你是皇室后裔，信义闻名于天下，招纳英雄，思贤如渴，如果能占有荆州、益州，交好氐、羌，安抚夷、越，对外与孙权结盟，对内修明政治。

一旦天下形势发生变化，分荆、益两路，一路出宛城、洛阳，一路出秦川，讨伐曹操，然后可成大事。"

刘备说："好！"

隆中对四段论，深刻反映了蓝色对大局的精准把握和深思熟虑。第一段，实现；第二段，先取荆州后取益州，实现；第三段，继续与孙权结盟，部分实现，交好氐、羌，在北伐中部分实现，安抚夷、越，七擒孟获，实现。只有关羽失守荆州，在意料之外，导致第四段无法实现。

隆中对计划的是荆州、益州两路北伐，可荆州早丢了，只有西南一地，拿什么跟曹魏整个北方的兵力、粮草储备竞争呢？一路向北，如何能让魏国顾头不顾尾，应接不暇呢？

从这点上来说，北伐曹魏，六出祁山，是蓝色的战略错误。明明执行不下去的战略，为何还要执行，不知变通，是蓝色的问题。为什么诸葛亮会犯这样的低级错误？

原因可能有两条：

一、蓝色为了报答刘备的知遇之恩，不惜自己肝脑涂地，不惜耗尽蜀汉资源，不惜益州疲惫不堪，不惜百姓无法安居乐业，也要实行先军政治。

二、要蓝色改变计划实在太痛苦了。临时出现的差错，刘备的实践也证明荆州不这么容易拿回来，该怎么办呢？改变计划？不，不，不，太痛苦了，他勉为其难把计划修正了一下，从荆、益二州，改成益、凉二州，然后写下《出师表》，决意北伐。

结果是：蜀汉灭亡之前，将领的报告是，当地百姓面有菜色。而蜀汉投降时，竟以九十四万百姓，养着十万将士、四万官吏！虽然有刘禅、姜维的问题，但究其根源，与诸葛亮的北伐策略不无关系。

蓝色有计划性不错，错在宁求稳，不求变。

诸葛亮第一次北伐，魏延（红+黄性格）建议带精兵五千由子午谷直袭长安，由诸葛亮率大军自斜谷赶到长安夹击。

诸葛亮认为太危险，成功率不高，不如从平常的道路前进，稳稳当当取得陇右。所以不采用魏延的计谋。

其实这条奇计是有可能成功的。从历史看，这是韩信“明修栈道，暗度陈仓”的翻版，韩信成功了。

红+黄的魏延愿意通过挑战和冒险获得成功，而蓝色谨慎，讲究计划性，不愿出险招，希望有十全必克之道，却忘了孙子所说：“兵者，诡道也。”

当时形势，东汉十三州，魏九吴三而蜀一，魏强而蜀弱，蜀国后劲不足，又是远道而来，利在急战、速战，出其不意。不出奇计，怎么可能成功？

后来，碰上司马懿这个忍耐力超强的黄色，只一招：守，一个字：忍，诸葛亮就拿他一点办法没有。

诸葛亮挑战，司马懿不想战，诸葛亮送给司马懿妇人的衣饰，要是红色早就跳起来，可黄色的司马懿居然还是不战，拖啊拖，把诸葛亮拖死了。

挥泪斩马谡，看蓝色性格的公平观

诸葛亮的领导力也来自他的个人操守，淡泊明志，宁静致远。更大的魅力来自于他蓝色严肃的一面。按常理，严肃并不讨人喜欢，但诸葛亮治国法令严明，赏罚公正，无恶不罚，无善不赏。

蜀汉之内，大家都敬畏、爱戴诸葛亮，刑法政令虽然严厉，但无人怨恨，为什么呢？因为他公平。

蓝色执法，讲究公平公正，对得起自己，对得起别人，对得起当时的评价，对得起历史的考验。

但优势过了头，就是过当。蓝色忘了一点，执法是公平公正了，可人才也荒废了。挥泪斩马谡便是一例。

马谡失街亭众人皆知，战前他签了军令状，诸葛亮决定将他斩首示众。

当时蒋琬大叫刀下留人："现在天下未定，而杀死智谋之士，难道不是很可惜吗？"

诸葛亮流着眼泪说："孙武能够取胜，在于他执法严明。如今四海分裂，兵革方兴，如果败坏法令，拿什么来讨伐贼子呢？"

蓝色大概以为，正因为我待你像儿子，所以我才要更严格地对待你。这样，别人才不会说闲话，依法治国的理想才可以推广开来，复兴大业才可以实现。

马谡临刑前写信给诸葛亮："明公你把我看作儿子一般，我也把明公你看作父亲一样。希望你将来能任用我的儿子，使平生之交不负于此，我虽死而无恨。"当时十万之众，为之流泪。诸葛亮亲自祭奠马谡，对他的儿女跟马谡还活着一样。

黄色才不会这样做。

啥叫杀鸡给猴看？

看黄色的曹操，当时下令，士兵不可践踏麦田，违令者死，骑兵下马，以手扶麦而过，不料曹操自己的马突地闯入麦田，大家说，刑罚不适用于尊者。曹操说：“我自己制定法令，又自己违背，何以服众？”于是拿起佩剑，割下头发，代替首级，放在地上。

啥叫刀下留人？

曹操早期对将领非常宽松，甚至叛变的将领毕谌、魏种，不仅留下了脑袋，还升官当上了太守。东吴将军翟丹畏罪逃亡，投奔魏国，孙权（黄+红）下令：“从今往后，将领三次犯重罪，然后才治罪。”

为啥？人才啊，哪能说杀就杀？

再说，胜败乃兵家常事，败一仗，就杀一将，哪还会有什么人才能剩下？

再说，蜀国本来地方就小，人才就少，哪够诸葛亮杀的？

诸葛亮挥泪斩了马谡，也因用人不当，指挥不明，申请自贬三级。蓝色不推卸自己责任，严格要求别人，更严于律己。他公开表示“这次失败，责任在我”，为什么呢？为了向蜀国上下表明，不管是谁，犯了错都要受到惩罚。

后来赵藩在成都武侯祠题词：“不审势即宽严皆误”，正是指出宽严之间，审时度势很重要，而这，正是黄色的优势，蓝色的局限。

事必躬亲，蓝色性格容易过劳死

最容易把自己累死的，是黄色和蓝色。**黄色因为对于成功的迫切渴望，日夜工作；而蓝色因为太关注细节，又不放心给别人做，事必躬亲。**

诸葛亮曾经自己校对簿籍，主簿说：“治理国家应该按照制度，上下职权不可混淆。如果每件事都想自己干，辛劳艰苦，形神交困不说，也将一事无成。所以丙吉不问死人而忧心牛喘，陈平不肯知道国家钱谷数目，他们真是懂得百官各司其职。现在明公你治理国家，亲自校对簿籍，终日流汗，不是太辛劳了吗？”

诸葛亮认错，但终究不能改正。《三国演义》里加了一句：“我不是不知道。只是受先帝托孤之重，唯恐他人不像我这样尽心。”说到了点子上，蓝色还真是不放心啊！

这里，杨颙举了丙吉（红色）和陈平（黄色）的例子。丞相丙吉出门，碰到路人斗殴，死伤横道，丙吉不闻不问，又碰上有人赶牛，牛喘气吐舌，丙吉停下车，派人去问：“赶牛赶了几里路了？”下属很奇怪，丙吉解释说：“民众斗殴，自然有地方官员处理。现在是春天，牛走不远的话，不该喘气，那就是时令节气失调，三公掌管调和阴阳，是我的工作。”

汉文帝问右丞相周勃：“天下一年要判决多少案件？”周勃说不知道，又问：“一年钱粮收入开支多少？”周勃还是答不出来，汗流浃背，惭愧不已。然后问左丞相陈平，陈平说：“有主管官吏。案件问廷尉，钱粮问治粟内史。”文帝问：“如果各有主管，那么你主管的是什么事情呢？”陈平说：“宰相的职责，辅佐天子，对外镇抚诸侯和周边国家，对内使百姓亲近依附，让卿大夫各尽其职。”文帝很赞赏。

当然，陈平、丙吉时逢天下太平国家无事，但红色和黄色即使在战乱纷飞的年代，想来也不会亲自校对簿籍，这就是性格上的差别。

诸葛亮生前，有使者来魏营，司马懿问：“诸葛亮生活起居怎样？吃多少饭？”“三四升。”三四升约等于现在的一斤，按当时的标准，士兵一人一天大约在七升，二斤左右。

又问政事，回答说：“凡处罚二十以上的都亲自过问。”后来司马懿告诉别人：“吃得少，管得多，诸葛亮怎能活得长久。”

自己把自己给累死了，可以说是鞠躬尽瘁，死而后已，也可以说是不负责任，抛下统一大业的职责。

事必躬亲不仅累垮自己，也压制了他人的积极性，剥夺了他人的成长机会。

永安托孤之后，刘禅双手一摊，把一切政务交付："政事由诸葛亮决定，祭祀由我负责。"诸葛亮呢？认为刘禅不熟悉政事，总领内外，事无大小都亲自决断。

蓝色老板喜欢事必躬亲，不会放手，还喜欢越俎代庖，似乎什么都抓在自己手里，才能保证每件事情都做到完美。他们最应该学习的，就是授权。

所以他从建兴元年一直管到十二年，从刘禅十七岁管到二十八岁。诸葛亮曾经夸奖刘禅的智慧与气度，超过期望，但你不给他机会学习，再聪明，他永远是那个扶不起的阿斗。"蜀中无大将，廖化作先锋"，首先也是他的责任。诸葛亮之后，蜀汉算得上人才的，就只有蒋琬、费祎、姜维。

王夫之就批评过诸葛亮："勤于耕战，明察法令，但对培养人才的道理，从未提过。"

这还不算，因为他"淡泊明志，宁静致远"的人格魅力和"鞠躬尽瘁，死而后已"的悲剧色彩，事必躬亲、日理万机居然成了中国历代的宰相标准，遗祸千年啊。

性格色彩爱情小说——《爱情中草药》（二）·怒放

文 / 小卷

中国性格色彩研究中心研究组长、性格色彩咨询师总督导

没有人比你自己更了解自己。不是每一粒种子都能长成参天大树，但它们都有机会活出自己的模样。

——题记

叶灵，她喜欢自己的名字，如生命之精灵在木叶上跃动。

但此刻她安静地躺在山坡上看天。正值秋深，云那么淡，天那么远。山下溪涧中，水色氤氲。

十五年前，因为不想过一眼望得见尽头的日子，她背上行囊，走出了这座山。如今，她回到这里，一切都没有改变。

不远处，一丛丛绿茎，开着灰白或暗紫的小花。父亲说过，这些都是药材，各自药性不同，有的中正平和，有的霸道强效，有的清新宜人，有的苦口良心。每一株药草都是大自然赐予的礼物，无论雨雪霜露，都掩盖不了那独特而珍贵的美丽。

毫无主见的绿色性格

※绿色中草药※　茯苓。味甘平。主胸胁逆气，忧恚，惊邪，恐悸，心下结痛，寒热烦满。久服安魂养神，不饥延年。

绿色欲望少，烦恼也少。绿色男人是男性族群中特殊的群体，看起来，他们似乎没有任何力争上游的意愿，也不在意生命中的潮起潮落、花谢花开。

对她而言，人生的前二十年都在浑噩的睡梦中度过了。

她出生时，父亲五十二岁，母亲三十三岁。从她记事时，父亲的头发已经白了，可以和她交流的话语很少。而母亲，在她印象中最深刻的，便是要求全家人必须每天晚上七点半上床睡觉。

在万籁俱寂的夜晚，她无数次打着手电看书，劈面而来一只苍老的手，将她的书夺走，耳边随即响起母亲的抱怨声。

母亲习惯从二十多年前数落起，那时外公喝醉了酒，把母亲许配给了父亲，酒醒之后，想反悔，已经晚了。

为了成全外公的面子，母亲嫁给了陌生且年长她二十岁的父亲。从那以后，母亲的生活就没有快乐过。她唯一可以掌控的便是全家人的作息时间。每当这唯一的权力被挑战，母亲就会把二十多年来的恩怨从头诉说。

叶灵一点都不怪母亲。她知道，一点点叛逆都会激起母亲强烈的不安全感，何况叶灵生来是个叛逆的孩子。她知道自己身体里有个精灵，暂时屈就顺从，终有一天会飞翔。

她看卡夫卡，看马尔克斯，看加缪。她读出字里行间隐晦的愤怒，每读一行，她身体里那个精灵就战栗一下，莫名地欣喜。

尽管母亲将山外的世界描绘得如饿鬼道般恐怖，叶灵还是在二十岁那年嫁给了一个刚认识的男人。男人叫方成，寡言而温和，在市里工作。她看中他的唯一理由便是，结了婚，就可以不用每天晚上七点半睡觉了。

离家的那天，没有风光的嫁妆相送，母亲在她身后摔破了一只碗，嘴里不知嘟囔着什么。她极力忍着没有回头，迎着风一阵疾走，眼泪在眼眶里风干了。

婆家的人对于一向老实的方成带回来一个妻子，除了惊讶就是怀疑。她得到最好的评价来自于方成的弟弟——一个诗人，说她“披两块抹布也能风情万种”。最坏的评价来自于方成的弟媳——一家保险公司的推销员，说她“看那双眼睛就不是好东西”。

她穿的衣服确实花花绿绿、质地极劣。她的眼睛确实笑意盈盈，灿若桃花。更要命的是，她压根儿不想装压抑、装苦闷，她心里堆满了开心，一见到人就会溢出来。

她笑着洗手做羹汤，端给公公婆婆。她笑着找了份图书馆管理员的工作，上班时尽情看喜欢的书，下班后把每一分钟都花在家务以及听妯娌间的家长里短。

一次方成出差，弟弟邀请她吃消夜，原本说弟媳也在，到了之后才发现只有弟弟一人。她依旧笑眼以对，落座，直接开了两瓶二锅头，一瓶给方成弟弟，一瓶自己拿起往喉咙里倒。弟弟傻了眼，连说：“不必这样，随意，随意。”她却已喝完，将空瓶翻转给他看。弟弟无奈灌了自己大半瓶，人已躺倒。她打电话给弟媳让她来接。弟弟醉中忽然冒出一句：“嫂子，你是个好女人，我哥，他不配，他在外面有女人……”

一句醉话，撕破了多年平静。她本以为托付忠厚君子，可一生不做他想。她本以为他的木讷、他的随和、他的温驯，是因为爱。她知道自己没有那么爱他，却自私而天真地以为，他爱她。

离婚以后，她得知，那个外面的女人为了他屡次闹自杀，他不得已，只能两头兼顾。全世界都知道了，只有她蒙在鼓里，或许是因为，他面对她的样子，太平静，太无辜。

“妈妈，妈妈！你看，好漂亮！”从山坡的另一面，宛儿像一匹小马驹一样欢腾地叫嚷着跑过来，手里举着一株天蓝色十字形花冠的小草。宛儿眼睛像她，笑起来弯弯的，下巴像他，雕刻般的轮廓。她接过孩子手中的小草，闻到一股熟悉的微苦的清香，不由得一怔。

目标明确的黄色性格

※黄色中草药※　柴胡。味苦平。主心腹，去肠胃中结气，饮食积聚，寒热邪气，推陈致新。久服，轻身明目。

黄色以目标为导向，并不意味着他们没有感情，而是他们永远知道什么是重要的。柔情也罢，缱绻也罢，只要与目标发生冲突，他们就会毫不犹豫地舍弃。

离婚三年以后，方成的母亲来找她。上来第一句话：“成儿是个好人。”

“好人”两个字仿佛一把小刀，把她的心割出血——“好人”就应该得到同情吗？这个“好人”将她伤得多么深，还要分明地映照出她的“坏”。

想到每次探视时宛儿愁苦的面容，她忍着屈辱回到那个家。

当天晚上，方成奉命开车带她出去转悠，途经酒吧，一个摇摇晃晃的醉汉站在路当中。方成停下车，醉汉拉开车门，不由分说把他往外拖。叶灵以为遇到劫匪，张口欲呼，醉汉却说：“成哥，来嘛，我们一起去喝……”

方成一脸为难，说：“我老婆需要我陪……”叶灵淡淡地说：“你去吧，不用管我，我自己打车回家便是。”醉汉大喜，说：“嫂子真贤惠！”

方成有些无措，坐在那里没有动。叶灵推开车门，腾地跳下车，头也不回地快步走开了。方成想追，却被醉汉拉住。叶灵越走越快，耳朵清醒地听到，他没有追来。她多么恨他这没有主见的性格。

所以，她那么容易便爱上了王思诚，一个硬朗强势的男人。

王思诚经营一家财务公司，周一至周日都在工作。回想起来，他从未主动约她。

工作日的下午，她在图书馆靠窗座位看完一本好书，长长地伸了个懒腰，莫名地思念他，就打给他：“我过来看你好不好？”有时他说：“不行。”不说原因，她也不问。有时他说：“行。”她就坐上一辆人力三轮车，“吱呀吱呀”地来到他的公司。

他的公司在遇仙路，三轮车快到这条路时，她远远望着，就觉得整条路上仿佛有仙法笼罩，熠熠生辉。

他见她来了，只说：“坐。”便自顾自埋头工作。她自带一本小说，半躺在他办公室的沙发上，一会儿看书，一会儿看他。

他需要开会，便打开门，她识趣地出去，客户或下属们进来，与她擦身而过时，总忍不住多看两眼，而他的脸色平静如昔，众人亦不敢多问。

记忆中唯一的一次，他开车带她到郊外树林，说起小时候，她知道他和她一样，是从大山里走出来的，只是她安于享乐，他力争上游。两人都沉默，过了一会儿，他说："有东西给你，在后备箱，自己去拿。"她打开后备箱，一大捧玫瑰花，含露绽放。

她不提婚姻，也不问他过往。她以为，这才是没有任何目的、纯粹的爱情。

七夕，他带她跟一个重要客户吃饭。席间，客户的手在桌子底下摸她大腿。为了他，她面带微笑，镇静地吃完了整顿饭。开车回去的路上，她告诉了他这件事，他说："为了价值千万的生意，摸几下有什么关系？"她顿时如身在冰窖。

她的约会开始多起来，总是接到不同男人的电话，头发先是染成金黄，然后烫卷，然后又拉直、接发，穿的衣服要么低胸，要么露背。在他办公室，与他的下属擦肩而过时，她会故意抛一个媚眼，然后饶有趣味地看着对方的脸迅速红起来。

她希望看到他不悦，最好是大发雷霆，这样就能证明他是真的在意她。但是他没有。

他开始频繁出差，一去就是半个多月，回来没有几天，又去。听他的助理说，公司要在外地设厂。她打他的手机，总是占线，跑到他办公室去，屡屡扑空。

深夜，她喝醉了，倒在街头，发了上百条短信给他，没有回音。第二天清晨，雾气未散，捡垃圾的老大爷推醒了她："姑娘，回家去吧。"她一个激灵清醒过来，看着满身的呕吐物，惊觉自己的丑陋。

2009年3月31日，她决意要去他的故乡，看看他从小长大的地方，然后就将他彻底忘却。

一朵云飘过来，光线更加柔和，风还是那样轻柔，吹得药草的花儿颤巍巍的，宛儿在草地上撒着欢儿跑来跑去，仿佛永远不知疲倦似的。她默默地想：人的一生要经历多少跌宕起伏，才能心甘情愿地享受这宁静时光啊。

谨言慎行的蓝色性格

※蓝色中草药※　独活。味苦平。主风寒所击，金疮止痛，贲豚，痫痓，女子疝瘕。久服，轻身耐老。生川谷。

蓝色情感细腻而深邃，蓝色男人富有内涵、持重，能吸引不少飞蛾扑火的小女人。只是蓝色拥有强烈的自律性和孤洁的品性，会让人感觉走不进他的内心。

2009年的愚人节，叶灵乘火车来到山城，王思诚形容为“穷山恶水出刁民”的地方。

车上，她接到久违了的王思诚的短信：

“哪儿？”

“火车上。”

“去哪儿？”

“你的老家。”

“为什么？”

“你不会懂的。”

其后再无短信来。

火车缓缓开进山谷，春暖花开。

她从站台走出，一眼望见川流不息的人群中，卢山手持一块方方正正的硬纸板，上书两个工整的毛笔字：叶灵。

卢山是王思诚穿开裆裤时就认识的好友。长大后，王思诚离开了这里，再没有回来。卢山去北京读了大学，毕业后回到这里。

这次卢山受王思诚所托，帮他接待叶灵，尽地主之谊。王思诚只说有个朋友要来，并没说清关系，卢山自是不会多问，叶灵也乐得无须解释。

卢山问过叶灵用餐的口味，将她带到一家依山傍水的餐馆。菜一道道端上来，做法简单，食材极为新鲜。卢山礼貌地介绍着风土人情，叶灵心不在焉，忽然瞥见窗外，一双白色的鸟儿腾空飞起，翩翩地飞远了，叶灵的眼泪止不住哗哗地往下流。

卢山把纸巾放在转盘上，转到叶灵面前，并以眼神示意正要上菜的服务员不要过来。虽在悲伤中，叶灵依然敏感地发现，这个男人如此体贴和细腻。

叶灵擦去眼泪，突然粗鲁地问："你结婚了吗？"

卢山停顿了一下，说："目前是单身。"

叶灵无厘头地问："你对爱情怎么看？"

卢山停顿得更久，说："有缘者共度，无缘者各自修行。"

话题似乎进行不下去了。一时间，叶灵以为他说的"修行"只是一个比喻。待到动箸时，她惊讶地发现他是吃素的，连肉边菜都不碰，专门点了一道白菜，油是素油，不放葱蒜。她对着四道美味的荤菜大嚼，他专心致志地守着那道白菜。

她动了好奇心："你是出家人吗？"

他答："身在家，心出家。"

她追问："你做什么功课吗？念经？打坐？"

他说："没有固定的功课。心不静时，打一会儿坐。"

叶灵渐渐从悲伤中脱离，对这个陌生的男人产生了兴趣。无关爱情，只是一种探索他人内心的欲望。他衣着简朴，却干净整齐，在这个灰尘漫天的小镇，尤为难得。他眼神内敛，仿佛看着内心深处一片未知的海域。

第二天，卢山带她游览当地的溶洞。在一帘清汤挂面似的钟乳石下，她腹部突然剧痛，站立不稳。卢山扶她就近躺在长椅上，去找人帮忙。她痛得满头大汗，哆嗦着从包里掏出手机，打给王思诚。

"思诚，我肚子痛。"她咬着牙说。

"什么问题？"他的声音背景极为嘈杂。

"不知道，就是痛，痛死了。"她带着哭音。

"卢山呢？"他问。

"他去找人帮忙了，我……"她还未说完，他就打断了："让卢山解决，搞不定再找我。"

电话挂了。

卢山出现了，身后跟着两个人，一副担架，一路把叶灵抬到小镇的医院。检查下来，是肠胃炎，开了药，疼痛逐渐消失，但心已死。

后两天，她仿佛获得新生，前事尽忘，跟着卢山自在游玩。离别时，卢山送她去车站的路上，两人聊起修道，他不经意地问："你要不要留下来，和我一起修行？"

她知道，对于他这种性格的男人，这已经是最露骨的表白。但她还是摇了摇头。

还是无关爱与不爱，她知道自己是个俗人，离不开那软红十丈、人间繁华。

风停了。她起身走到山边，看着山下的房屋和人烟。曾经她多么害怕自己堕入平庸，与芸芸众生没有任何不同。而此刻她想要走进人群，像一滴泪珠滴入大海，像一株药草隐没在草丛中。这才是真正的自由。

热情纯真的红色性格

※红色中草药※　干地黄。味甘寒。主折跌绝筋，伤中，填骨髓，长肌肉，作汤，除寒热积聚。久服，轻身不老。生川泽。

红色对一切新事物抱有开放和欢迎的心态。年轻时容易被斥为幼稚，但当年岁渐长，经历世事，红色男人还能保持天真和童心，则极为可贵。

如果没有若兰，也许她这辈子也不会了解张小千。

从图书馆辞职后，她进了一家报社当记者。张小千是她的同事，但他们非常不熟，因为他很少来上班。

一天，有个年轻女人在报社门口，她多嘴问了句“找谁？”女人怯生生地问：“千手书生在吗？”

她忍不住开了个玩笑：“千手书生没有，千手观音你要不要？”女人呜呜地哭了。

她动了恻隐之心，把女人带到一家咖啡馆，得知女人叫若兰，在网络上和一个叫“千手书生”的男人聊了三个月，一时情热，从外地来找他，但不知他真实姓名，只知他在这家报社工作。

“QQ上找了吗？”叶灵问。

“发了消息，他不回我。”若兰悲戚地说，“他会不会不要我了？”

“不会的，”叶灵笑着说，“你要相信自己，像你这么美丽的姑娘，他舍不得抛弃你的。”

若兰真像一朵温室里的兰花，我见犹怜，但叶灵却并不羡慕她，因为岁月的磨砺，情路的颠簸，让叶灵更像是一剪寒梅，笑对风雪。

两人聊了一会儿，若兰的手机响了，“千手书生”有消息来，约她到桥头碰面。若兰忐忑不安，央求叶灵陪她赴约。叶灵也想一睹这位“书生”的真容，便跟去了。

“千手书生”就是张小千。叶灵第一次正面仔细地打量他。叶灵很好奇，究竟他有什么魔力，能让一个美貌女子为他千里迢迢而来？

张小千个子不高，瘦而结实，眉眼间恍惚有几分像一个香港影星。他看了一眼若兰，又看了看叶灵，眼光在叶灵身上停留得更久些，是男人看女人的那种看。

叶灵恶作剧地说：“猜猜谁是若兰？”

张小千咧嘴笑了：“叶老师，希望不会是你，否则我无福消受啊。”

若兰睁着水水的眼睛幽怨地看着他。他依旧是满不在乎的表情。若兰眼神更加哀怨，叹了口气。

叶灵感到空气凝重，便说：“你们好好聊，我去接儿子放学。”若兰拉住叶灵：“叶姐，啥时候来看我？”叶灵本想推辞，见她眼眶含泪楚楚可怜，改口说：“随你高兴，随时召唤我。”

从那以后，若兰住在张小千家，三天两头都召唤她。起初她以为若兰爱热闹，去了以后，若兰总是一言不发，她只好找话题调侃瞎聊，张小千诙谐幽默，两人一来一往，像二人转。

有一天，张小千不在，若兰悄悄对叶灵说：“你有没有发现，你来了，小千就特别开心？”叶灵说：“若兰，你别多想。每次你都不说话，他只能跟我开玩笑，免得冷场。”若兰说：“不是的。我就是觉得他心里有你。”叶灵心中一颤。

自此，叶灵几次推掉了若兰的邀约。一天下班，她遇见小千。他说：“若兰让我来请你。”她说：“你不该纵容她如此。”他叹气：“她很可怜，你不知道。”她说：“如果我去了，她会更可怜。”

两人说说走走，竟不自觉进了街边公园，林木掩映处，有石桌石凳，他们相对而坐。话题自然展开，从爱情到文学，再到时事，某个人说了一句话，两人便一起会心大笑，笑过以后，沉默，空气中似有甜意。

叶灵摸摸自己的脸，滚烫，将脸贴在石桌上，石桌竟也发烫了。她笑着说：“我把这半边的桌子都弄烫了。”他眼色温柔，说：“那就过来让我这半边的桌子也烫一下吧。”

那天，小千很晚才回家，他说要和若兰谈一谈，送走若兰后，再来找叶灵。但一个月过去了，小千、若兰都没有任何音信。

报社的人来找叶灵，问她知不知道小千的去向，为什么手机打不通，去他家也找不到他。叶灵无法判断事情的走向，所以缄口不言。偶尔她会悲伤，为什么上天给她尝了一口美酒，又莫名地倒掉了。大多数时候，她内心波澜起伏，面上却很平静，如同在黄河入海处趺坐观潮的老者。

又过了一个月，叶灵决意辞去工作，回老家探望父母再做打算。临走前一天，一脸疲惫的张小千出现了。他告诉叶灵，若兰病了，他照顾了若兰两个月，待她身体康复，才说了分手。这期间，若兰多次想结束生命，让他应接不暇，无法分心与叶灵联系。

叶灵说：“她为了你连命都可以不要，你为什么不选择她？”

张小千说：“也许正因为她把生命看得太轻率，我想选择的是一个跟我一起拥抱生命的人。”

轮到张小千问她了：“你跟我在一起后，会不会像若兰一样，总是担心我爱上别人？”

她说：“女人一旦拥有一个男人，总想阉割他，所以会监视、追踪、侦探他的一切，但我不会，因为那样也就让我自己失去了自由。”

天色将晚，她牵着宛儿的手下山。山下的某一间屋子里，有为她燃起的灯火和等待她的人。回首望去，山上的某一片草地，或名贵或普通的药草正在独自生长。

以赤子之心观之，百草俱可为良药。红如夏花之绚烂，蓝如秋叶之静美，黄如冬野之肃穆，绿如春水之无澜。

第六篇 6

色眼看世界

用性格色彩看英国人及英国文化

文 / 申纹頔

性格色彩认证演讲师、伦敦大学传媒系硕士、云南大理恒建集团董事长助理

我在伦敦度过了八年的青春时光。回国后因与性格色彩结缘，让我有机会从另一个角度来解读这个国家的人与文化。刚开始接触性格色彩的朋友，可能以为不同国家的人的性格是不一样的，但我想以我在英国的经历告诉大家：英国人的性格也是红、蓝、黄、绿四色俱全，都有其优势和过当。

红色性格的“明星”销售

大三的时候，我每个周末都会在伦敦最大的百货公司做兼职销售。我们的团队有12个人，其中有一位“明星”销售Oz，是一位可爱帅气的英国大男孩。为什么说他是“明星”呢？因为整个百货公司有

六层楼，几乎每个专柜都有他的“朋友”，无论是巧克力专柜、名品专柜还是家具专柜，都有他认识的人，而且关系看起来还都很熟。

我们的专柜会根据班次安排下午茶和午休。如果和他排在一起，是既开心又痛苦。之所以开心，因为他是个大活宝，掌握着商场的最新动态和各种八卦。痛苦的是，我们的员工餐厅和休息室都在六楼，而专柜在一楼。当我们从一楼乘手扶电梯到六楼的过程中，他一路都在和人打招呼，而且还会和人家相谈甚欢。而我只能在旁边等着他。等到达餐厅的时候，休息时间也许已经过半。

Oz作为“明星”的另一面体现在他的顾客回头率上。当时我们柜台的顾客回头率平均在20%左右，就是说整个柜台每服务10个客人，就会有两个客人选择再次来这里消费。而Oz的顾客回头率能够达到47%，被他服务过的客人，有将近一半会回来再次消费。

经理让他分享经验，他就说：Be nice，be true and be sharing（友善、真实、分享）。善于分享是他的天生优势，再加上他的真诚，顾客很容易与他成为朋友。很多顾客都只找他，如果他哪天不在或去休息了，顾客甚至愿意等他回来。

然而，Oz也是团队中最让经理头疼的一位。他经常上班迟到，而且会擅自离开柜台和别人聊天，也不在午餐时间后按规定归队。最严重的一次是，他竟然忘记来上班了。他总会有各种各样的奇葩理由，例如地铁故障、家里停水无法洗脸、帮助盲人过马路耽误了时间等。每一次，他都会特别真诚地睁着蓝绿色的大眼睛和经理说：“真的对不起，下一次不会了。”但他口中的“下一次”就真的是“下一次”——只有迟到后的第二天他会准时上班。但不出意外，第三天他又会迟到5分钟，第四天也许就是10分钟，然后又恢复到经理无法接受的迟到范围。他真的是“永远道歉，永远不改”。

现在回过头来看，亲爱的Oz就是典型的红色。红色的优势是活泼开朗，乐于分享，人际关系特别好，同时，红色的局限性是，容易对自己不在乎的“错误”屡教不改。在英国这样重视纪律性的文化里，也许会因为小小的“迟到”问题，导致上司对其工作能力产生质疑，影响其发展前途。

高标准、严要求的蓝色性格老师

我在英国这几年的读书生涯里，印象最深的老师是我的大学老师Steven。他是一个年近六旬的英国老头。他完美地诠释了蓝色的“惜字如金”和“严苛要求”。当时我曾一度后悔选了他的课，因为就算你不睡觉写论文，通常也只能拿一个很普通的成绩。

课堂上，学生说的话、提的问题永远比Steven的话多。特别在讨论课上，经常是学生七嘴八舌地讨论，他则安静地坐着，拿着笔，一副思考者的模样。然后大家会突然静下来，等着他评判观点的对错。而他呢，沉默一分钟，好像在思考什么，接着说刚才某个同学的观点很有意思，建议大家可以去读某本书，加深对那个观点的理解。每次五十分钟的讨论课，他讲话加在一起的时间不超过十分钟。现在我理解了，他擅长收集线索，深入思考，却不善于表达。

对待专业，他是出了名的严谨和高要求。我们的作业一般以论文形式布置，当作业下来我们就要每个礼拜和老师预约，讨论作业进度和研究方向。别的老师很快就能给反馈，告诉你已完成部分的质量，并告诉你接下来的研究方向是否正确。而对于Steven，这个过程无比谨慎和缓慢。例如，他看到我引用了某个观点，而这个观点他没有看过，他会质疑这个观点是怎么得来的，于是他会结束谈话，回去查资料。下一次见面，他会带着厚厚一沓资料，再和我谈。当我问他下一步研究方向是否正确时，他从不直接给答案，只是问一些问题启发我，但大部分时候我都不懂那些问题与我论文之间的联系。所以，越和他见面，论文就写得越迷茫。

每次交论文，我都觉得沟通过那么多次，我应该懂了他的意思，他也看到我的努力，但分数下来却很低，大大低于我的期望值。有一次我忍不住去问他，他说论文内容你确实达标了，但是标点符号使用和版式有问题，严重影响了你论文的质量。

这些在红色的我眼里，都是小问题。而在蓝色的他的眼里，就是眼中钉。标点、表格、版式、附录使用都必须达到正规学术出版物的要求，不然论文分数绝对惨不忍睹。

以前我觉得他没事找事，故意找碴扣我的分。后来暑假去一家公司实习，写一份简单的产品分析报告。我的直属上司告知我是唯一一个论文报告格式完全达标的实习生。再后来，我被公司留下来做整个暑期实习，不知是否由于达标的报告让公司认可了我，我在心中默默感激了Steven。

Steven是典型的蓝色的学者。蓝色的优势是高要求、严标准、爱思考，但局限性是过于追求完美，表达方式过于委婉，沟通效率低。

他是很多蓝色英国人的典型代表。如果我能早点结缘性格色彩，可能就会理解他并非刻板固执，而是出于做学问的严谨与尊重；如果当年和他沟通时，我学会多观察他所传递的信息，用理性、有理有据的方式去沟通，而非喋喋不休地发问，也许我们的沟通会更顺畅，而我那门课的分数也不会有遗憾。

黄、绿色性格的姐妹花组合

在我的大学生涯中有两个人是不得不提的，她们是英国女孩Alina和Fara，我们三个人还成立了一个组合——“Crazy Sister”（疯狂姐妹）。回国已经一年，我们依然每个月都要视频聊天。学习了性格色彩后，我明白了我们之所以要好，是因为我们的个性差异很大，非常互补。Alina有很多黄色的特质，我是红色，而Fara有很多绿色的特质。

当我们在一个组里做作业或者准备小组演讲时，我们的分工通常是：Alina负责话题设计和幻灯片框架，我和其他组员负责演讲顺序和流程，研究如何有效、有趣地和观众互动，Fara就默默地呆在我们身边或者去帮我们买外卖。

我们毕业时的论文课题是根据市场问卷调研数据，写一份营销方案，最后答辩。由于配合默契，我们组在集体答辩的时候，取得了全系最佳“presentation 呈现团队”奖。虽然结果很完美，但过程并不顺利。由于这次课题不仅关系到毕业成绩，还直接影响到以后工作的申请，所以每一个人都把这件事看得很重。这导致我和Alina发生了两次比较大的冲突和矛盾。一次是在市场问卷的问题设计上，一次是在答辩时的演讲时间分配上。

Alina设计的问卷有45道题目，问卷题目详细且复杂。我觉得题目太细太多，受访人不会有耐心认真作答，如果随意地作答，又会影响问卷结果的准确性，也会导致我们收集到很多无效信息。我认为应该减少题目，只针对我们想研究的几个方向提问就可以了。

然而，习惯了控制和指挥别人的Alina一如既往地坚持要使用设计好的问卷。如果这只是一份普通的作业，我是不会和她争执的，那样既伤害感情，又影响进度。然而这一次事关重大，我必须坚持。于是我要求投票。Fara这个绿色则不发表意见。

以前的我可能会和Alina发生正面冲突，并且会责怪Fara为什么不表态。但和经过和她们长期的相处，我发现对于Alina，必须拿事实说话，而Fara的不表态是性格使然，并不代表她有情绪或观点。于是我建议Alina把问卷印出来，在学校图书馆试发20份，看看反响如何。如果大家做得很顺利，并且收集回来的数据完整，我就同意这个繁杂的问卷设计。如果不行，再进行改进。

结果，有一些受访者看到问卷长度就会婉转拒绝，也有一些人在做了一半以后逐渐失去耐心，后面的问题可能还没看完就开始作答，还有的甚至在后面直接不作答了。这个时候，Alina终于承认问卷有问题，决定重新设计。

在毕业答辩中，我俩的矛盾点在对于答辩演讲部分的分配问题上。她认为她讲得好，应该多讲，Fara不善于表达，应该少讲或者不讲，这样才能拿高分。但在我看来，每个人一辈子只有一次毕业答辩，都应该有同样的演讲时间，不应该为了拿高分剥夺别人演讲的权利。我认为Alina太霸道，完全不顾Fara的感受。但当我问到Fara想法的时候，她说并不介意少讲，但也可以多讲，换句话说，不管怎么安排，她都OK。最后的结果是Alina主讲，我副讲，并和其他两个组员负责互动，Fara就只在旁边切换幻灯片，并在结尾时候讲了一句："这是今天的演讲，谢谢大家，祝各位都有愉快的一天。"如果没有这句话，没有人会意识到她的存在。

学习完性格色彩以后，我理解了Alina作为黄色，优势是结果导向，追求效率，而天性中的局限性是缺乏耐心，忽视感受；Fara作为绿色，优势是乐天知命，平和包容，局限性是原则性弱，缺少主见。理解和看懂了她们之后，我心中对于那次毕业演讲的遗憾感就消失了。

英国文化的蓝色性格血统

既然英国人也是四种性格都有，那为什么大家会觉得每个国家的人是不一样的呢？比如我接触到的美国人就相对直截了当，接触到的法国人就感觉比较浪漫随意，接触到的日本人则是严谨细致……现在我发现这原来是文化的差异，每个国家都有自己的文化特点。谈到英国，传统和保守的英国文化是蓝色的文化，在衣、食、住、行方方面面都体现出蓝色的细致、严谨和追求完美。

衣，着装讲究

英国人对于着装非常讲究，相信对于英国女王的着装，大家都有印象。英国女王伊丽莎白二世无论是出席国内活动，还是出访世界其他国家，她的服装都非常保守，颜色统一，基本从上到下一个颜色，且佩戴帽子。英国著名报纸《Daily Mail》曾经把女王出席公共活动的着装剪辑起来，变成了一道“女王彩虹”，戏称女王服装没有款式可言，只有颜色的变换。再看看现在的凯特王妃，她出席正规场合，基本净色着装，佩戴帽子，简单得体。也许有人认为，只有皇室，或者上流社会才这样，其实不然。

英式着装礼仪深深印在每个英国人的心里。很多正式场合，女性都会穿着得体的礼服，佩戴华丽的帽子或者头饰，以示对活动的尊重。例如婚礼、观看赛马，等等。

对于英式着装文化，我父母在我毕业典礼的那天有很深的体会。那一年，他们来英国参加我的毕业典礼，毕业的学生都穿着学士服，而同学的亲朋好友，用父母的话说就是“隆重出席”。男士都是西装领带，哪怕是小朋友，也是穿着“迷你”西服。女士都是礼裙并佩戴礼帽。就算是“中年发福”的妈妈们，也穿着优雅的礼裙，踩着高跟鞋。我妈妈曾开玩笑说：“这一个个看着都是女王范啊。”

当天下午毕业典礼结束后，我为父母安排了英式下午茶、晚餐和音乐剧，想让他们好好体验一下英国文化。我订了一辆出租车来接我们，出租车司机是穿着西装来的。我父母很惊讶，不理解为什么司机也穿那么正式。司机说，因为我在网上预订车辆时，填的项目是“毕业典礼接送服务”，他认为这是一个非常重要的场合，希望能尊重顾客，所以穿着西装来。

在喝下午茶和享用晚餐的地方，爸妈再次感叹西装笔挺的英国男士和穿着礼裙的女士。妈妈看着古老的吊灯、装饰，再看着穿着西服礼裙的人们，还有腰间绑着白布、戴着手套上菜的服务生，一直感叹，仿佛置身《唐顿庄园》的故事情节中。

最后，父母看了音乐剧。妈妈的视线没离开过剧院里穿着华丽礼服的英国人。在回酒店的路上，父母一直感叹，说这一天看过的服装可以办一场服装秀了，妈妈一直赞叹英国女士们的礼服和配饰。

英国在“衣”方面的“蓝”体现在，他们已经深深习惯了古老传统的着装礼仪规则，不愿改变，宁愿被人说“古板”，也不会尝试新衣。

在英国，服饰不会有一时的流行，出席正式场合时着装永远那么正统。也正是由于英国人的这份执着，我们才有机会看到“传统”的英国文化，有机会去当地餐厅感受20世纪《唐顿庄园》般的“复古”生活。

食，了无新意

刚到英国时，我都会看菜单点菜，每次打开菜单，即便是一家新餐厅，我都有一种错觉，是不是以前来过这家？因为菜单上的菜品基本都一样，例如早餐一栏，菜单第一行永远是“英式早餐”，雷打不变那几样：香肠、蛋、培根、红豆、烤番茄。主餐那一栏永远有让英国人引以为豪的“薯条炸鱼”。

后来，我索性不看菜单了，无论去哪里，只要是英国本地餐厅，我就直接点菜。再后来，无论去哪一家，都是换汤不换药的几个菜，都吃腻了。

网上曾流行一篇文章，说找对象要找英国留学回来的，因为英国的食物会把懒汉逼得下厨，一段时间后就成厨神了。这一点我是有切身体会的。经常和同学聊天，说意大利、法国，都离英国那么近，怎么人家的美食享誉世界，而我们就要在英国这个“岛国”上天天啃土豆呢？现在想来，也许蓝色的英国人民认为，做食物就该规规矩矩，传统怎么做，现在还得怎么做，就像炸鱼必须配薯条，而不能配沙拉。

“食”方面的“蓝”，除了体现在了无新意上，还体现在英国人对进食时间的严格规定上。

在英国，早上10：30和下午3：00都是雷打不动的咖啡时间和下午茶时间。这两个时间段，绝不能被打扰。他们习惯了，就不会去破坏它，按部就班遵守这个规矩。无论学生还是上班族，早餐不一定有咖啡，但10：30到11：00一定会喝咖啡。在英国上班，一天有两个休息时间：一个是午餐时间，叫“lunch break”，一个是下午茶时间，叫“tea break”。传统的英国人会在这时泡一杯英国红茶，拿出从家带来的或是公司准备的甜点，享受一个简单的下午茶时光。

住，规矩烦琐

聊到“住”，英国的“蓝”有两方面要提及：一是英国人对床铺的高要求，二是英国人的租房文化。

参加英国朋友聚会或是婚礼，经常需到朋友家里留宿，在多次的留宿中，我印象最深的是英国家庭的床铺。有一次参加英国朋友的婚礼，由于不在我居住的城市举办，她把我安排在她的爷爷奶奶家留宿。她爷爷奶奶家的家具都很古老，虽然旧，但特别干净、温馨。房间角落都是鲜花和毛毯。奶奶把我带到卧室，在我眼前是一张非常气派的欧式木床，乳白色床单和枕套连一个褶子都没有，非常平整。床被上面还有一个床套铺着，非常美。爷爷奶奶房间的床铺也是这么铺的，床头会放一点鲜花，温馨整洁。

后来爷爷告诉我，在传统英国家庭，每一次洗完床单，都会熨烫整套床上用品，然后再铺到床上。我之前以为只有老人会这样，后来发现很多传统的英国人都会熨烫床单，特别是为客人准备的床单，更是一个褶子都不会有。每次我去别人家做客，都享受着五星级酒店的高端待遇，从而感叹英国人做事的严谨和一丝不苟。

还有必要谈一下英国比较烦琐的租房文化。任何一个留学生都会面临搬家和租房。在英国租房，房客入住前会有两次检查：一次称为“图片建档”，一次称为“声音建档”。这两次建档，住客都需要支付人工费。

说实话，我刚接触这两个流程时，觉得英国人真无聊，浪费时间，还浪费租客的钱，直到后来从中受益，我才不得不佩服曾经我眼中死板的英国“租房文化”。

“图片建档”是指入住前，中介公司有专人来拍照，记录房屋入住前状况，家具新旧情况，还会做一次所有电器的电路检查。一套两室一厅的房子可能会拍上百张照片。这些照片会被做成一本册子，每一张照片旁边都会有文字描述。例如一张桌子，照片旁的描述可能是：“这是一张100cm×120cm×90cm的桌子，70%新，桌面右下方有3厘米无法清除的印子，桌角有松动。”这本册子做好后需要租客检查，是否同意照片描述，同意后需签字确认。“声音建档”和“图片建档”一样，有专业人士来房屋，是用录音器材做一次房屋情况评估。例如来到客厅，他会按下录音键说：“我现在位于客厅中间，客厅前方有暖气，暖气能正常使用。”一开始，我认为这两件事情非常可笑，直到我的房子出现两次比较大的问题，我一分钱没花就解决了以后，我才深深敬佩这些“古板”的规矩。

一次是我的地板严重变形，需要更换。中介请人评估后，更换费用是2000英镑，近20000元人民币。还有一次是阳台玻璃房的玻璃顶全部裂开、塌落，更新费用也需近10000元人民币。中介看完后说回去检查入住前的建档，如果之前有记录我就不用承担，如果没有，我就必须承担。当时我认为中介就这么一说，我肯定需要赔付修理费。后来中介检查发现“照片”和“声音”建档里都有提到浴室地板有少量不明显渗水情况，并且建档也记录了阳台玻璃顶右角有裂纹。中介公司的人告诉我，这两个情况也许是导致我地板变形和屋顶碎落的原因，他们可以和保险公司索赔，我也许不需要负责。后来，保险公司承担了所有赔款，我家里换上了全新的木地板和玻璃房屋顶，我一分钱没掏就解决了问题。

“住”方面的“蓝”，是规矩烦琐，更是英国做事方式的严谨可靠，为规避未来可能的风险，未雨绸缪，一切用事实说话，有理有据。

虽然最后搬出的时候我赔付了一些房屋破损费，但赔付名细写得非常清晰，确实是我人为损坏的，我也付得心甘情愿。

行，遵从计划

英国人的“行”，就两个字：预约。

他们做任何事都需要预约，因为他们喜欢一切事务都在计划和控制内，并一板一眼跟着这个计划走。“行程表”在他们生活中有不可替代的重要性，每个人都用小本子记录行程和时间安排，他们特别不喜欢自己的行程被打乱。吃饭也许要提前一个礼拜预约，如果只提前一天或者当天约，别人会不习惯，也会觉得你不够重视这次吃饭。他们可能今年就已经订好了明年的旅行计划。

刚开始，我很不习惯凡事需要预约，觉得他们古板，不知变通。例如，课后问老师问题，老师可能会说，这是我的咖啡时间，你去办公室预约一个时间，预约好我们再讨论。生病去看医生还要去预约，等真正看到医生的时候也许病都已经好了。

“行”方面的“蓝”，是预约，是计划，是对自己时间的重视也是对别人时间的尊重。习惯了之后，我的生活渐渐有了条理。我对时间进行妥善安排，更有效率。

英国文化很“蓝”，有着注重细节、循规蹈矩、防患未然、恪守时间的特点。但也不可否认，英国国民和我们一样，有着红蓝黄绿四种性格，只要你愿意，看懂他们很简单。学了性格色彩，我更能理解英国人，而对于英国文化，虽然守旧和不变通带来很多麻烦，但也是这些规矩和传统成就了现在的这个文明、风度、包容的帝国。

中国性格色彩培训中心课程介绍

中国性格色彩培训中心在乐嘉老师的带领下，一直致力于研究、培训和推广“FPA ®性格色彩”这一风靡国内的实用心理学工具。中心面向喜爱和立志传播性格色彩的朋友开展两类课程：一类是专业课程，包括基础和进阶；一类是认证课程，包括认证演讲师和认证咨询师。

性格色彩基础研讨会——看谁看懂，想谁想通（2天）

这门在企业和个人中已经流行了15年的课程，是性格色彩课程的基础，可以让你便捷地读懂自己、看懂他人。

认清自我——通过洞见，使你看清自己是谁，深知自己的长处和短处，做自己的镜子。

读懂他人——通过洞察，学会读心术，不仅能分辨出他人性格，更可知道行为背后的动机。

性格色彩进阶研讨会——修炼自我，影响他人（3天）

区分其他性格分析系统与性格色彩最大差别的奥秘全部在这门课程中。

洞见和洞察——当几种性格色彩混淆时，如何分析和判断真实的性格还是伪装的性格、个性的成因，以及最重要的，学习读懂任何行为背后内心真正的动机。

做最好的自己——真实的自己未必美好，在真实的前提下，如何修炼达到个性平衡。

影响和搞定——学会用适合别人性格的方式对待别人，搞定一切难搞的人。

性格色彩认证演讲师——跟乐嘉学演讲（5天5夜）

无论你是演讲菜鸟还是演讲达人，这门课程都能化腐朽为神奇，让你在舞台上有超凡魅力，走上超级演说家之路，成为即兴说话的高手。这也是目前乐嘉老师唯一亲自传授的课。

突破自身演讲局限——你所有演讲的优势和局限都与你自身的性格有关，洞悉性格奥秘，可以帮助你成为更好的演讲者。

塑造你的演讲风格——不同性格的演讲者适合的演讲方式及套路不同，唯有这门课程，可以根据你的性格为你量身打造属于你的演讲风格。

性格色彩认证咨询师——助你成为最懂性格的助人者（4天4夜）

这是一个培训那些愿意成为“FPA®性格色彩”咨询师的人的课程——你将拥有与所有人内心对话的奇妙能力。你将成为熟练运用性格色彩工具解答他人困惑的指引者和助人者，通过一对一的咨询，走入对方内心，消除其痛苦。

更多详细介绍，请查阅中国性格色彩培训中心官方网站。

官方网站：http://www.fpaworld.com

咨询电话：400-085-8686

乐嘉微信（lejiafpa）　　色友会APP